致力于中国人的心灵成长与文化重建

立 品 图 书 · 自 觉 · 觉 他
www.tobebooks.net
出 品

Ezra Bayda
Being Zen:
Bringing Meditation to Life

平 常 禅
活出真实的自己

[美]艾兹拉·贝达 著　胡因梦 译

海南出版社

目录

译者序：依法不依人 1

推荐序：真正的领悟 5

导言 7

第一部 修持的基本要点

第一章 未经揭露的恐惧 3

……遭到挑战时，不妨敞开心胸学习下述两种基本的功课……第一，我们应该认清与其逃避困境，不如将困境视为道途……第二，当我们遭受打击时，是否能学着不去指责任何人——包括别人，我们自己……

第二章 "正常人"的生活 11

如果能客观地觉察而没有惯常的好坏观念，我们就会发展出一份开阔感，让自己从狭窄的认同，拓展成更大的洞视。

第三章　能否友善地对待自己 19

只要愿意当下安住，就能和生命的坑洞及整体共处，不过那些坑洞并不会因此而消失；我们只是如实看着它们而不再信以为真了。这种转化的过程，便是修行的精髓和成果。

第四章　体证和目睹 29

我们的觉知就像是一片开阔的天空，而包涵在这份觉知里的所有内容——思想、情绪及各种心态——就像是过眼云烟一般……根本没有任何实质性。然而只有亲身体证每一个当下的身体实况，才能真的领悟到这一点。

第五章　第八十四个烦恼 41

佛陀曰："……所有的人类都有八十三种烦恼。其中有些烦恼也许偶尔会突然不见了，但很快又会生起其他的烦恼。因此，我们永远都有八十三种烦恼。""我的法虽然无法解决这八十三种烦恼，不过也许能舒解第八十四个烦恼……我们根本不想有任何烦恼。"

第六章　静坐的三个面向 49

静坐的第一个面向就是安住在身体中……静坐的第二个面向就是标明念头和体证……静坐的第三个面向乃是要敞开心胸面对经验的本质……

第二部　转化情绪烦扰的方法

第七章　替代式的人生 59

我们必须不断地回来和情绪共处。如此修持就能回到最原始的坑洞——孤立无援、彻底绝望、充满着恐惧和担忧。只有揭露和深入于这些令人恐惧的部分，才会看到替代式人生的矫揉造作，也才可能跟我们的圆满自性连结。

第八章　如何转化愤怒 69

要想转化愤怒，我们必须学习不把它当成敌人来看待，不将其视为我的苦难，而只是将其视为我们受限人生的烦恼之一。我们一旦清楚地看到这一点，就会发现不以愤怒侵犯他人是厘清愤怒极重要的一步。

第九章　如何转化恐惧 81

……以科学家的态度来观察恐惧，也就是要抱持着一份想要发现恐惧是什么的好奇心。任何时刻只要恐惧一生起，就要立刻问自己："这是什么？"而答案永远都蕴含在当下身上所出现的觉受之中。

第十章　如何转化痛苦 95

要想转化痛苦和苦难，必须持之以恒地透视自己的信念，并且以温柔的觉知来觉察我们一直想逃避的部分……我们将发现痛苦和苦难并不是赛程的终点……

第十一章　如何转化烦恼 109

将困境视为道途，让它们来觉醒我们心中的解脱渴望，意味着我们愿意包容它们，不论个中的滋味是什么。简而言之，人生最重要的事就是学习开放和觉醒。

第十二章　工作与修行 121

如果处在一个令人不舒服的工作情境里，我们保守的反应通常是认为有某些事不太对劲，而必须寻找出路。但是在修行生活里，我们并不是以快乐或舒服与否来衡量一件事的价值……从修行的角度来看，坏事最后往往变成了好事。

第三部　生活在禅中

第十三章　刚与柔 133

刚与柔的交互运作就是修行的精髓。不去领会刚柔交织的意义，很可能会在修行的过程里自我设限而无法真的圆满或满足。因为那会将我们的自然能量窄化成一道受限的能流。

第十四章　随它去 141

当我们感到焦虑时，我们的修炼就是要聆听心中的思想，感觉那份焦虑，然后任由它去。当我们感到疲惫或昏沉时，我们的修炼就是去感觉身上那股昏沉的滋味，然后随它去。当我们发现自己正在抗拒当下这一刻时，我们的修炼就是去体尝那股抗拒感的质地，然后随它去。

第十五章　慈爱 149

我们不妨把慈爱解释成一份善意、一种仁慈的觉知，而且其中往往带着热情及善于接纳的成分。这份开放度这种能够包容的气度……让我们有能力把心打开。如此才能放下自己、放下别人、放下人生，只是存在着罢了。

第十六章　慈爱观 157

当我们随观自己的气息进出心窝时，我们会同时经验到其中的意象和愿文。这种随观气息进出心窝的方式，令慈爱观超越了头脑的次元。

第十七章　觉醒慈悲之心 167

……真正的慈悲永远不可能来自于恐惧，或来自于想要修理及改变他人的那份渴望。只有当我们深深体会众生共有的痛苦时，悲心才会油然而生。

人生的目的是什么？（代跋）................183

译者序：依法不依人

平常心禅是夏绿蒂·净香·贝克（Charlotte Joko Beck）在美国本土建立的现代禅宗。净香在二十世纪六十年代曾依止安谷白云及中川宗渊两位日本禅师习禅。1983年正式成为前角博雄（Hakuyu Maezumi）的第三代传人，并开始担任洛杉矶禅修中心的住持。其修行主旨为不求特殊的开悟境界，不企图达成有别于当下的超常意识状态，不参公案或话头，不借数息、观息或随息来规避当下的情绪活动，更不主张透过专注禅定引发虚假的三昧境界，因为这种充满至福感的定境，仍然存在着微薄的主客二元对立，所以一旦出定回返真实的日常生活，这份至福感势必消散，而行者又会迷失于尘劳之中。

换句话说，净香要帮助修行者达到的存在状态，只是平平常常在此时此地过着自己的日子，维持着感官的开放度，留意身心在每个当下的反应及变化，逐渐增强对身体的觉知，愈来愈细微地去发现意识底层的焦虑及紧缩倾向，并学习如何替瞬息万变的思维活动加标签，以勘破那些在早期养成过程中所种下的自我信念，如此方能突破这些根深蒂固的制约系统，学会安住于身体上的情绪能量。心理上如果不再企图挣扎抗拒负面的觉受，心量就会因此而拓宽，对空性的体悟也会深化，进而领会苦的真谛，发现我们与生俱来的慈爱与悲心。这才是精神修为最真实而不虚的目的。

平常心禅修中心分布于美国加州的圣地亚哥、奥克兰，俄勒冈州的波特兰，伊利诺伊州的尚佩恩以及纽约市。禅修中心的指导老师都是由净香正式授权委任的。其法脉传人不分阶级次第，亦不封果位，更不限制学员加入其他的禅修组织。因觉醒之道乃是普世性的，故每一个中心的传人皆可依学生状况授予不同的法教，并有权决定其组织的结构或形式。读者朋友如果想知道详情，不妨上网查询这个风格朴实而低调的现代禅宗派。

本书作者艾兹拉·贝达于1998年正式成为净香·贝克的传人。他累积了三十多年的禅修经验，曾罹患过免疫系统失衡的疾病以及前列腺癌，更换过三种行业——从老师变成电脑程序设计师，最后发现自己的天职竟然是做木匠，并且在北加州经历过长达十一年的有机田园生活。他丰富的人生阅历，加上诚恳而精确的实修态度，使得他的教海每每呈现青出于蓝的明晰度。他与净香都是影响佩玛·丘卓（Pema Chödrön）至深的禅师。

本书内文由浅入深，逐渐引领读者进入身心实修体证的动力过程。在第一、二、三章中，作者先试图提醒我们不要逃避困境，要把困境视为道途；遭受打击时，必须学会将注意力转向内在，而不要习惯性地归咎于别人。接着他开始阐明实修生活的真义及厘清信念系统的方法。第四章的体证和目睹，以及第六章静坐的三个面向，是本书最具有独门见地的方法概论，在其中艾兹拉为我们厘清了一个重要的观念，那就是体证与觉知身体的感受乃是截然不同的两种实修体悟。通常在身体上进行觉察时，我们可能会经验到前文所提到的三昧或三摩地——一种完全融入于客体的专注状态，但这种专注状态只是修行的初阶境界，因为从体证的角度来看，专注于某个特定目标的定境仍然是非常有限的，所以艾兹拉沿用了三加三的默观练习，来帮助修行人将三种不同面向的感官觉受同时纳入觉察，并配合着呼吸来进行。如果能不断地做这项练习，觉知的范围就会逐渐拓宽，到了某个时刻，我们很可能会突然跳进"纯然目睹"的空间，那时我们就不再认同惯常的自我感了。

第八、九、十、十一章则细腻地剖析了转化愤怒、恐惧、痛苦及烦恼障的实修体悟。艾兹拉毫不掩饰地描述了自己所经历的慢性病史中的忧患意识，以及种种用心转化业习性的体证，令人不禁感叹东方的许多禅修导师虽有证量，却往往无法或不愿充分言传实修过程中的挣扎及起伏，只以意会式的含糊语言引人入胜，以至于丧失了禅的平等性和质朴精神，而流于威权操控式的教导。

诚如创巴仁波切所言，一个真正在心地上下实修功夫的人，一定不会再强调开悟或向上演化的美景，而会相反地意识到自己的神经官能症被放大到极致的窘境。在这个"退化"的过程中，时常会出现上座部修行人所提到的随观过程中的怖畏智、过患智、厌离智等。换言之，这些看似退步的心理反应，其实是智慧增长的征兆。佩玛·丘卓曾经说过，"一旦认清了自己心中的黑暗，就能同理别人心中的黑暗。"如果能在自己身上发现普世共通的人性，慈悲心便自然出现了。

作者在本书最后的章节中与读者分享了他的临终关怀工作。借着与六位濒临死亡的病患共处的感人经验，艾兹拉帮助我们体认到，"与其忧虑死亡后会发生什么事，不如在活着的时候治疗内心的死亡。"每一次当我们心中生起了愤怒、恐惧、自保、逃避痛苦或抗拒不舒适的反应时，我们的心就会因此而封闭，那种无感的滋味，难道不就是一种死亡吗？

正如净香·贝克在前言中所说的，阅读虽然只是修行的初阶，但毕竟是极重要的一步。在实修体悟的方法论上，《平常禅》可算是译者多年来所见过最清晰而明确的指南之一，希望读者能好好把握住这依法不依人的良机。

推荐序：真正的领悟

夏绿蒂·净香·贝克（Charlotte Joko Beck）

（作者的恩师，美国洛杉矶禅宗中心第三代继承人）

活在我们这个"进步"的文化里，人们显然越来越不安：追求各种目标的速度越快，我们就越不知道什么是祥和及满足。对大部分人而言，生活已经成了一个令人厌倦的难题。虽然我们很想忽视自己的困境，但规避问题还是无法带来满足。

除非真的发现自己就是生命的本身，否则我们仍不断地想要改变和控制人生，总希望能解决掉眼前这个恐怖的难题。我们甚至急于想抓住伟大的宗教以及其他一些真挚的教诲。然而，要想真的领会它们，不能只是在头脑里理解就算了（虽然头脑的理解也能带来一些助益，但却不能帮我们建立起成熟而统合的领悟）。那么，我们到底该怎办？

这真是一个大哉问！虽然许多杰出的著作早已详述过人类的困境以及其中的成分及结构，但鲜少能清晰地说明如何才能发展出真正实用的修行方法。譬如"只要放下就对了"之类的说法，就像是在对一个即将溺毙的人说："游到对岸去吧！"

如果你想觉醒，不要只是在嘴上说说就算了。这本书真的能带给你实际的指引——你需要的那种指引。但不是"按照此法去做"之类的简单方程式，而是能鼓舞你，又能帮助你——甚至能启发你——的言教。虽然所有的阅读都只是修行的初阶，那仍然是极重要的一步。不论是初学者或是老参，这本书都能为你们厘清一些困惑。

至于艾兹拉这位领航者，虽然我已经认识他多年——他既是我的学生，也是友人，现在更是同事，但我还是很难将一堆的美言和他的名字串在一起——因为美言总是无法真实描述出一个人。不过我确实活在艾兹拉的仁慈、稳健和敏锐的洞见中——最重要的是，他真的永远精进不懈地修持。我信心十足地将他这本著作推荐给你。享受它！从其中获益！

导言

读者将发现本书从头至尾极少用到禅或佛教名相,例如"空性"或"不二"之类的专有名词。无论是措辞或内容,我都尽量避免哲学或秘学用语。这种对哲学的反动,一直是我人生的基调;事实上,我会离开哲学研究所,就是因为它太哲学了!

况且,修行根本无法被化约成一种理论或公式。体悟必须扎根于我们的经验之上,而我们对修行的理解力也取决于我们心灵觉醒的程度。道途中有许多时刻我们都会怀疑修行究竟是什么。虽然我已经禅修多年,在这本书中我仍尝试将修行的定义拓展到禅修技巧之外而囊括了所有真实的默观之道。我不在乎你所选择的是坐禅、内观或藏密法门，最重要的是你愿不愿意将修行落实到日常生活里。

我们需要一种清晰的修行方法，帮助我们从真实的生活经验中学习，于是我将本书分成三个部分，每一部分都代表着觉醒之道的不同面向。第一部分描述的是修持的基本要素或重点，不过我事先假设读者对坐禅已经有些基本的理解了。如果情况并非如此，你最好接受一下坐禅的基本训练，尤其要先学会坐姿和呼吸的方法。

第二部分强调修行必须和我们的情感生活结成一体，尤其要逐渐摆脱恐惧所带来的束缚。随着自保机制的消解，我们将发现自己越来越能体认到恐惧和痛苦。有时我们会很深地涉入其中，有时又会强烈地抗拒它，但不管发生了什么，我们遇到的每一件事都是修行的机会，也是学习的机会，尤其在失望时更是如此。我们不但能从失望中学习，所有的起起伏伏也都是修行。

第三部分描述的是慈悲心的觉醒，从其中我们可以理解与品尝到修行生活最重要的成分——那份安住的意愿。这份意愿越是能穿透我们的虚饰，我们越是能放下自我批判和过度执著于自己的倾向。我们将因此而学会放松，即使在蹚浑水的时刻也一样。这本书的目的就是要帮助我们发展出安住于经验的意愿。一旦学会安住在经验之中，就会在痛苦的周围发展出一份开阔的心胸；但愿本书能引领你体验到这份开阔。这难道不就是我们每一个人都想要的——甘愿安于生活的真相，因而体悟到心中生起的祥和。

第一部 修持的基本要点

第一章 未经揭露的恐惧

……遭到挑战时，不妨敞开心胸学习下述两种基本的功课……第一，我们应该认清与其逃避困境，不如将困境视为道途……第二，当我们遭受打击时，是否能学着不去指责任何人——包括别人，我们自己……

我的墙上挂着一张女孩在溜冰的照片。她高举双臂,头往后仰,无忧无虑地溜着冰,似乎忘了身边的告示牌上写着:注意薄冰。这听起来是不是很耳熟的一件事?

我们大部分人都像是在无人驾驶的飞机里度过了一生。或许我们目前的人生并没有遇到什么灾祸,一切都还算顺利。我们也许有一份正当的职业,一份相互扶持的关系,健康状况良好,但即使如此,我们仍然有一种不可言喻的如履薄冰之感。我们可以感觉到一股焦虑不安的颤动,伴随着隐约的不满足感:一些尚未治愈的痛苦以及未经揭露的恐惧。然而大部分的时候,我们都选择不去看这些底层的东西。

假设我们的人生境遇开始恶化,脚下的薄冰碎裂了,这时我们该怎么办?我们可能会试着清除表面的障碍,克服困难,或者跟往常一样把问题推开。我们也可能绕道而行,以忽略或压抑的方式来对治令人不悦的事件。

为了避免失败,我们选择的策略通常是更努力地掌控我们的生活,或是以娱乐、消遣、忙碌来逃避困境。我们很少质疑自己这些根植于恐惧的对策,而将它们视为无可争辩的真理。然而,这样的做法往往令我们画地自限,其结果是,我们的人生就这样被窄化成了一种隐约的不满足感。

然而我们到底会利用哪些对策来建立起看似稳固的地基,以便逃避内心的恐惧?这是一个因人而异的问题。有的人会运用掌控的策略——将那迫在眉睫的混乱感阻隔于外,以维持内心的秩序。有的人则企图超越或凌驾内心里不可抗拒的冲动,来证实我们的能耐。也有人选择臣服及配合环境,寻求一些想象出来的慰藉。还有的人则企图以滋养别人的方式寻找安全感,让自己感觉被需要和被赞赏。另外还有一种对策则是展现出虚弱无助,急需被某人、某团体或某个机构拯救的模样。或者以不断追求娱乐消遣,来填补因盼望和孤独而形成的空洞。诸如此类的例子真是不胜枚举。

通常我们只有掉落到冰冷的深水中,无法动弹或呼吸,几乎快要灭顶了,才被迫去面对根植于内心的局限——由愤怒、恐惧和困惑所构造的地雷。也许只有遭遇到疾病、经济上的剧变、失败的人际关系或是亲人的死亡,才能唤醒我们,逼着我们学习安住在冰水中。

当我们陷入这些恶劣的情境时,就不得不面对内心的痛苦了。因为它近在眼前,逃也逃不了。失去钱财、健康或是某份关系所带来的不安全感,往往会让恐惧浮出表面,而令我们感到愤怒、自怜、沮丧及困惑。从我们对治这些问题的方式,可以看出我们对人生究竟理解到了什么程度。当我们遭遇到人生无法避免的打击时,一旦有幸学会真实不虚的修持方法,便能做出与只是趋乐避苦截然不同的行为了。

两种人生的基本功课

二十世纪七十年代的初期,我在北加州买了一栋房子和一小块地。我和妻子花了十一年的时间,开垦出一片有机园地。我们计划靠这块土地维生,包括畜养一些供给羊奶的山羊、绵羊和鸡。那种生活十分美好,我们觉得能以这么健康的方式来抚养我们的孩子,真是一件令人心满意足的事。但是后来我和我太太的免疫系统却出了严重的问题,医生在我们的血液中发现了高浓度的DDT。原来在我们还没购买这块土地之前,DDT的残余物早就埋在土里了。毒素间接地通过我们细心培育的蔬菜和家畜的肉进入我们体内。长期污染的结果,瓦解了我们的免疫系统。讽刺的是,费尽心力想活出健康的有机生活,却导致令身体羸弱不堪的慢性病。

这件事不能怪罪任何人,因为在那个年代,人们通常都把杀虫剂的残余物埋在土里。我们想让生活变得安全舒适的策略失败了,其结果是日子过得更加如履薄冰。不论我们多么努力,不论我们的动机有多么良好,仍然无法保证不掉落冰水中。没有一种方法能让我们掌控世界，免于灾难。真正的重点是，我们能不能从对策失效的无助感里学到一些智慧。罹患免疫系统失衡的疾病之后，经过了许多年，我才真正明白失控的无助感里所埋藏的智慧是什么。

然而，即使我们从这些重大的挫败之中学到了一些事，但只要双脚一站稳，经常又会回到如履薄冰的状态。也许我们已经从掉落到的大洞里获得了一点教训，但眼前日常中的那些裂缝又该怎么办？我们能不能从这些细小的裂缝——心中的烦扰、情绪的起伏、想保护自己的那份挣扎、自卫和排斥的反应——来认清我们的失望。

我们必须清楚地看到自己如何继续在薄冰上滑行——利用各种的认同、对策和意象让自己继续滑下去。我们必须认清自己是那么费力地想让这些对策生效。如果感觉情况不对劲，统合感及舒适感都遭到挑战时，不妨敞开心胸来学习下述两种基本的功课。

第一，我们应该认清与其逃避困境，不如将困境视为道途。这是一种积极而又必要的观念上的改变。每当有不悦的事情发生时，很少有人会想跟这些事产生牵连。我们往往会认为"事情不该是这样的"或"人生不该如此混乱"。谁说的？谁说人生不该如此混乱？只要人生一不符合我们的期望，我们通常都想改变它以符合自己的期待。然而修行的关键就在不企图改变我们的人生，而是要改变我们和心中那些期待的关系——学着将所有发生的情境都视为我们的道途。

困境并不是道途上的障碍，它们就是道途本身。它们往往会带来觉醒的机会。我们能不能将己所不欲的情况，包括那份无所依恃的感觉，看成是我们的闹钟？我们可不可以将其视为获得学习机会的一种征兆？我们能否让它穿透我们的心？一旦能做到这一点，我们就踏出了向生命开放的第一步。我们将开始领会顺受任何一种生命情境的真谛。即使厌恶它，仍然知道眼前的困境就是我们修炼的对象、我们的道途、我们的人生。

第二，当我们遭受打击时，是否能学着不去指责任何人——包括别人、我们自己、外在的情况或是生活本身——而将注意力转向内在。感到苦闷时要做到这点是最困难的事之一，因为我们想护卫自己的心实在太强烈了。我们太想让自己恢复正常了。但如果能检视一下我们所带来的问题，包括自己一贯的信念、期待、要求和渴望，便可能产生一些帮助。我们也许会逐渐明白：只要心中生起一种情绪上的反应，就会发现自己还有某些信念尚未得到深入的检视。只要能继续修持，这份理解会逐渐变成我们的自知之明。

理智上我们也许知道该深入地观察内心，然而我们并不真的认识它。有时我们会嘲笑那些连自己最明显的问题都看不到的人，但很不幸的是，那些人就是我们自己！我们必须承认，我们根本不想看到那些会令自己烦恼的问题。基本上我们只希望生活能取悦我们——感觉舒适和安全。我们和未知的领域之间只有一层薄弱的信念，而这不可靠的支撑就是我们最不想暴露出来的东西。为什么？因为如此深入地探测自己并不是一件舒服的事。然而，除非能觉察到薄冰底端那个被自己遗忘的东西，否则我们将漫无目的地继续溜下去。

我们真正需要的是渐进而根本地改变自己的人生方向——朝着观察、学习和纯然面对一切的方向发展。也许没有任何事比愿意安住更重要了。单纯地安住在我们的经验之上——即使是沉重而阴暗的痛苦感——往往能引发一种放松和鼓舞的感觉。因此，愿意在失望和幻灭中学习成长，才是关键所在。如果能做到这一点，一向被我们视为无法忍受的痛苦就变得容易亲近了。一旦培养出愿意安住在经验之中的习惯，你会发现每一件事都是可行的。如果无法领悟个中真谛，我们往往会切断那开放、连结及感恩的天赋本能。

第二章 『正常人』的生活

> 如果能客观地觉察而没有惯常的好坏观念，我们就会发展出一份开阔感，让自己从狭窄的认同，拓展成更大的洞视。

有一部电影《速简、廉价与失控》(*Fast, Cheap, and Out of Control*)，叙述的是四个不寻常男人的生活。第一个男人是马戏团里的驯兽师。第二个男人的职业是设计登陆月球的机器人。第三个男人是一位科学家，专门研究鼹鼠这种无毛哺乳类动物的生活。第四个男人是一名园丁，他花了五十年的时间将大树修剪成动物的形状。虽然我说这些男人很不寻常，其实他们都十分正常。他们和我们所有的人一样，都企图掌控这个根本无法被操控的世界。他们的不寻常之处仅仅在于他们的职业，因为它们扩大地反映出了我们每个人的行事风格：以掌控世界的方式，带给自己快乐和安全的幻觉。

驯兽师的策略是永远不显露出自己的恐惧。每次离开兽笼时他早已吓得汗流浃背，但是他绝不让那些狮子知道自己胆怯。他必须维护一切皆在掌控中的那个幻象，即使是狮子咬了他的脚踝，鲜血淌进了靴子里，他也不离开兽笼。他总是会完成他的演出，做出一副万兽之王也被他操纵的模样。然而他心知肚明，它们在一瞬间就能将他撕碎。

机器人设计师则想创造出听命于他、让这个世界变得更有效的机器。然而他发现到，他并没有把握让机器人行走。他只能设计出一套也许能让机器人行走的程式。这个看似简单的任务，让他有机会瞥见人体动作惊人的复杂性以及改变这套程式的困难，不过他还是继续寻找让一切都在操控中的方法。

那个研究鼹鼠的男人在博物馆里布置了复杂的展示会场，以便说明鼹鼠和蚂蚁及蜜蜂一样，都拥有自给自足的智慧型社区。他试着复制出鼹鼠的自然栖息地，一个复杂精密的地下迷宫。他发现在大自然中，如果有一只大象走过这个迷宫，只要一脚就可以把它整个踩扁。但即使知道鼹鼠的自然环境时常有如此这般的危难，还是无法阻止他竭尽所能复制出一个人工栖息地，借以防止任何危险，并带来安全上的保障。

那名园丁花了半个世纪的时间，在一名富婆的大花园里，定期将大树修剪成惟妙惟肖的动物形状。然而多年来的苦工，只消一场风暴就被破坏殆尽。影片中的他在狂风暴雨里无助地穿越他的花园，这个画面勾起了一股无依无恃的感觉，让我们意识到自己那掌控的策略是多么脆弱易毁。即使是勤奋不懈，也无法阻止大自然的摧毁力量。

如同这四个男人一样，我们每个人都无所不用其极地依照我们的掌控幻觉来塑造世界。一旦聚焦于自我中心的梦想之上，或企图支撑住自己的舒适感及安全感，我们的世界就会变得狭小而隔绝。而且，不论我们的对策多么牢靠，仍然随时可能会失控。藏密导师佩玛·丘卓将自我比喻成一个房间，一个能够让我们在其中随意旋转的护身之茧。茧里面的温度永远恰到好处，播放的永远是自己爱听的音乐，吃的永远是自己喜爱的食物；最美妙的是，我们一向只准那些讨我们欢喜的人进到屋里来。简而言之，我们完全按照自己想要的方式来决定我们的生活——愉悦、舒适而又安全。

但是一跨出这间屋子，情况又如何呢？不可避免的，我们一定会遇上日常生活的各种烦扰，尤其是那些被我们挡在屋外的麻烦人物，以及我们费尽心思想避开的困境和恶劣的情况。这些令人不悦的情况发生得越频繁，我们就越想躲进自己的屋里及自己的防身茧中。我们关上窗户，甚至还加上铁窗和百叶窗。我们在门上装置了特别的防盗锁，竭尽全力将人生锁在门外。

但是如果够幸运的话，有一天我们可能会发觉，我们的屋子只是个真实人生的替代品罢了。为了控制我们的世界，让它变得舒适而安全，我们宁愿窄化自己的存在，以替代式的生活来交换真实的人生。这样的人生其实是在逃避最深的恐惧——害怕无依无靠，害怕孤独，怕自己不被尊重，怕存在的那份焦虑感。我们想避开这些恐惧的强烈程度，往往体现出我们体验人生的方式；这些恐惧会封闭住我们的心，使我们退缩。它们令我们变得麻木不仁而无法活出真实的人生。它们会冻结我们的志气，使我们无法自然敞开心胸。其结果是，即使我们的掌控策略仍然奏效，我们依旧会停滞于不满足、挫败及孤绝感中。这些征兆在在显示出我们已经活在替代式的牢笼里了。

　　自知之明是觉醒之道的重要面向之一。

　　如果有幸能觉察到自己真实的情况，就会逐渐明白，只有通过修行，才能将替代式的人生转化成更真实的生活。修行也许包括了静坐，然而它绝不仅止于此。我们必须观察到所有会阻碍我们过真实生活的障碍：我们曾经为人生编织出的理想画面，我们的矫饰，我们的自我意象，我们的盲点，我们的防御行为，我们的愤怒、恐惧与困惑的自动反应。以下这句在美国原住民中流传的格言，表达了愿意敞开心胸活出真实人生的深切渴望：

我们在此生中可能拥有许多条路，
但只有一条路是有价值的——
做个真人。

　　有趣的是，想过真实的人生就必须明白，生活中的每件事都是道。我们遇见的任何一件事都可以帮助我们觉醒，然而，企图掌控却会阻碍我们深入感受内心的痛苦及恐惧。我们所有的理想和期待，都是在要求生活朝着某个特定的方向发展。但是这份要求——这份奠基在恐惧之上的掌控欲求，这股想要建造防身之茧的欲望——必须先被如实看到。一旦建立起客观的自知之明，我们就会开始认清自己在何时，以何种方式护卫自己。基于这个理由，自知之明便成了觉醒之道的重要面向之一。

我们必须经由自我观察的修持来获得自知之明，因此一开始就得无情地观察自己，几乎像是跳出来从身外看自己一般。那种状态跟集中焦点在自己身上是截然不同的。后者是一种重复再三的循环——不断地想着自己，分析自己，认同自己的情况——然而跳出来观察的状态却是客观的。那不是一种分析，也不是一种批判，只是如实见到自己的行为、思想、思想的内容、反应的方式和时间点，还有基本的对策是什么，基本的统合感是什么，核心的恐惧又是什么。在各种情境之中客观地觉察自己，我们就会开始认清替代式的人生具有哪些成分：里面尽是一些自己该怎么样、别人该怎么样、生活该怎么样之类根植于恐惧的观念。我们会开始看到自己所设定的一些条件，以及自己如何利用它们来制造一切都在掌控中的幻觉。

学会客观地观察自己

这位客观的观察者往往能帮助我们看到正在发生的事：我们的念头，我们特定的反应，我们对治这些反应的方式。但这并不是一种内省，而是一种觉察，觉察到心中各式各样的制约。然而我们并不是在回顾过往的制约，也不是在分析自己为什么会变成这样，我们只是单纯地把这些制约看成是正在发生的事。如果能客观地觉察而没有惯常的好坏观念，我们就会发展出一份开阔感，让自己从狭窄的认同，拓展成更大的洞视。我们会因此而发现，每当心中生起一种反应时，一定有某样东西在操控着自己，只是我们无法看得很清楚罢了。如果了解到这一点，并且带着好奇心来观察自己的反应，我们就会看到自己何时以及如何操控着我们的世界。

举例而言，想象有某个人正在公开批评我们，于是心中立刻产生了愤怒的反应。接着，我们又会自我合理化和归咎对方，而形成一连串的妄念。愤怒的感觉一旦冒出来，就会开始坚信那个人对待我们不公平，甚至连整个人生都变得不公平起来。此刻如果能忆起修持的方法，我们就会想起情绪反应如同闹钟一般，提醒着我们要留意当下正在发生的事。接着观察者便破门而入，他开始觉察到心中不断重复的念头："这是不公平的。"（内心的搅扰仍然存在）这时我们很可能会发现，情绪的反应是直接从人生应该公平这个观念中生起的。当我们认清这一点之后，才可能观察及体证到这个观念底端的恐惧：恐惧失控之后的无助感。终其一生我们都在企图掌控人生，让它能符合我们的理想，并借以逃避最深的恐惧。

但何时我们会变成那名驯兽师——企图制造出一切都在掌控中的幻觉？何时我们会创造出内在的机器人——以机械化的模式安全而有效地活着，根本无法察觉真正令我们生气的原因？何时我们又会制造出安全的栖息地，或是将大树修剪成动物的形状——假装大象的脚或寒冷的风暴永远不会侵袭我们的世界？要想得到答案，我们只须看一看自己的情绪反应，从其中我们一定会发现自己仍紧抓着某个意象或某种自我感不放。这时我们不妨问自己一个简单的问题："现在到底是怎么一回事？"我们是不是只想要面子好看一点？是不是只想让自己舒服或安全一些？是不是被钱财欲望掌控了？我们的苦恼是否来自于对权力地位的追求？我们的焦虑感是否跟渴望被赞同有关？我们是不是正在执著，企图掌控一切？然而这些处理的模式都不可能带来真正令我们满意的人生——换句话说，它们只能带来替代式的人生。

一旦理解了情绪烦扰与我们对生活的期望之间的关系，就能更深入地修行及体证。修行将带领我们直接进入最深的痛苦——进入失控的无助感之中，进入被拒绝、被抛弃的恐惧中，进入自己是与别人隔绝开来的根本信念里。我们一旦探入内心的这个地带——长期以来不想面对的内心一角，就会发现自己还是有能力安于其中而不感到迷失或是被淹没。我们将体认到，凭着那份愿意安住在困难地带的意愿，便能激发出开阔的心胸。

在转回头来面对自己一直企图躲避的真相之前，我们到底都在做些什么？修行并不是一味坐在蒲团上禅定，如果无法学会客观地观察自己，我们永远都只是替代式生活中的囚犯。一旦学会在生活里修行，以越来越诚实的态度观察自己的恐惧，我们就能体验到跨出屋外的那份自由，并且开始有胆量深入于人生的真相。

第三章 能否友善地对待自己

> 只要愿意当下安住,就能和生命的坑洞及整体共处,不过那些坑洞并不会因此而消失;我们只是如实看着它们而不再信以为真了。这种转化的过程,便是修行的精髓和成果。

让我们把自己想象成一大块布满着坑洞的瑞士乳酪。这些坑洞尽是一些令我们认同的东西、心智的建构、欲望、盲点、症结点——这些面向似乎阻碍着我们去发现自己的乳酪本质。某些禅修者有时会突然瞥见自己其实是一整块的乳酪，因而忘了身上的坑洞。不过，我们还是比较可能会认同那些小小的坑洞——把自己视为一名受害者，一个充满着困惑的人，胆小的人或是行为正当的人等等。这么做往往会让我们遗忘了自己的乳酪本质——浩瀚无边的开阔性、神性等，随你怎么称呼。无可否认的，我们既是那些小小的坑洞，也是那一整块的乳酪。一旦能如实见到那些小坑洞，我们就会发现它们并没有任何实质性。

如同所有的类比一样，上述的譬喻显然也无法完整而正确地说明修行生活是什么。简而言之，自我观察就是要看到哪些小洞是我们所深信不疑的。然后我们会看到，如果深信这些小洞是实存的，就会阻碍我们体验这一整块的乳酪。此乃一种体证式的领悟，而不是理论。但如果领悟到这一点，接下来又会发生什么事呢？

最常见的修行途径总是强调开悟，也就是要穿透正常意识的泡影，清晰而深刻地见到实相。这种修行途径的问题之一就在于，我们经常会将这种开悟经验视为高一等的实相，而低估了事物的自然常态。修行的整个焦点会因此而放在某种特殊体验之上，以为有了这份体验，就会得到永恒的自由——解脱。这其实是一种浪漫不实的观点，也是一种幻想，因为没有任何一种经验是永恒的。没有任何一种经验可以使我们永远解脱，但这并不意味此类经验是无益的。它们可能深具启发性，也可能点出正确的方向，但除非我们的修持能用在日常生活里，否则又有什么意义？

另外还有一种修持的途径，它虽然不像追求开悟那么浪漫，却能直接面对眼前的任何一种实况，我称之为活出实修的生活。它的作用就在于不断回到当下这一刻，而这一向都是禅和其他默观传承的精要。此种途径和追求开悟的不同之处就在于，它所强调的乃是要面对那些通常被我们视为凡俗的议题。事实上，这些议题往往是我们最想排除的，而它们就是这块瑞士乳酪上的小坑洞。

我们是不是总满怀着焦虑和困惑？每当我们遭受批评时，是不是立刻感到愤怒？我们是否还活在深埋的羞耻感中？什么样的行为是被恐惧所驱动的？我们能不能友善地对待自己？是否还有任何一个人是我们无法宽恕的？在这些棘手的问题上进行修持，体验日常生活里的烦恼并加以厘清——更大的视野自然会变得清晰可见。

举例而言，每当愤怒生起时，我们不妨将愤怒视为修持的对象。虽然我们比较偏好祥和、宁静和清明，然而当下的真相却是愤怒。除非我们能从修持的观点来看待这股愤怒，否则它势必继续窄化我们的生命，封闭住我们的心。反之，直接面对恐惧，却能培养出愿意安于当下的豁达心胸。

然而，如何才能直接面对愤怒，或是任何一种强烈的情绪？如何才能消解我们那块乳酪中的所有坑洞？我从我的老师净香·贝克那儿学到了两种方法。第一种方法是如何厘清我们的信念系统，第二种方法则是如何体验每个当下的生理觉受。厘清我们的信念系统其实就是认识你自己，它涉及精确的自我观察——认清自己如何思考，如何反应，思考的内容是什么，内心的策略又是什么。学会如何观察自己，我们就会越来越熟悉自己的信念系统和运作人生的态度。

标明念头

厘清我们的信念系统并不是要分析、去除或改变它们，而是要清楚地看到它们的真相。

我们用来厘清信念系统最主要的工具就是标明念头。有许多禅修法门的指令是：当念头生起时，任由它去。这个指令的目的是要让心变得安详清明。如果我们能做到这点固然很好，但有时我们就是无法让念头消失。我们的心忙得不得了，短时间之内根本无法安静下来；人类似乎很难规避随着演化而来的过度活跃的头脑。因此某些禅修途径对治这些不断生灭的念头的方法，就是在心中告诉自己这些都是妄想——借以破除对妄念的执著——然后将注意力收回到呼吸或其他的专注焦点。虽然这么做确实能帮助我们放下念头，但仍然无法真的厘清内在的意图，这时标明念头就派得上用场了。

标明念头这种工具可以带来双重收益。第一，它能破除我们对自己的思想的认同，让我们看见思想只是思想罢了。第二，它能让我们认清自己正在想些什么。譬如你正在打坐，你试着觉察自己的呼吸，却发现心里一直在想：今天会是非常忙碌的一天。标明念头的方法如果用在此刻的话，只须重复地对自己说"现在的念头是我有很多事要做"就够了。这有点像肩膀上坐了一只鹦鹉，它逐字逐句将你心中的念头说了出来。

此法一开始看起来似乎过于头脑化，它会让我们的头脑更加忙碌。然而这只是因为我们尚未习惯罢了，我们还需要花一些时间才能让此法突破我们的念流。为了经验一下这个过程，静坐时也许得花上五分钟的时间，清楚地标示出每个念头，之后我们就不需要标明所有的念头了。举例来说，假设我发现自己正在进行不合逻辑的或琐碎的思考，这时我会概略地标明它们，譬如计划、幻想、白日梦或自我对谈。这样的方式也可以让我看到心智运作的模式，它通常能打断念流而让我跳出心智的次元。

　　每当觉察到些微的情绪反应时，我通常会立刻标明当时心中出现的念头。譬如我正在静坐，双腿因为盘坐而开始感到酸麻。我发觉自己有一点烦躁，我的头脑也开始认为这件事太困难了。我立刻认出当时的念头，于是对自己说："念头认为这件事太难了。""念头认为我应该动一动身体了。"经过一段时间的标明念头练习，任何潜藏的操控性思想都会逐渐变得清晰起来。我可能会看到自己基本的潜存信念是："人生应该是没有痛苦的"，"生活应该是舒适的"；当这些信念变得清晰可见时，我就以上述的方式来标明它们。"认定并深信生活应该是舒适的"跟"念头认为生活应该是舒适的"，乃是截然不同的两种心态。

　　如果能重复练习上百次或上千次，到了某个时刻我们就会看到，即使是最顽固的念头也无法代替真相，因为它只不过是个妄念罢了。我们更可能会见到这个特定的念头一直在默默主导着我们的行为。就在见到的那一刻，我们开始有了觉察，在这之前我们一直是盲目的。我们的盲目主要是由定义造成的，一旦能运用精细的加标签方法，觉察之光就会开始照亮过去所看不到的信念——那些会造成不圆融的行为模式的想法。

　　我们通常无法看到自己的盲点有多少，也看不到自己有多么缺乏自知之明，或是为自己及别人带来了多么大的破坏。我们也许对修行已经耳熟能详，对所有的技法也都知道了，但有时还是会缺乏面对恐惧时所必备的条件——以无情和诚实的态度来检视我们所有的盲点及行为。

从某方面来看，真正的问题是我们知道得太多了。我们想得太多，说得也太多了。我们很容易就会以认知、思想和话语来取代艰苦的实修。但这并不意味修行是一件阴森而冷酷的苦差事。我们越是能诚实地看透自己的盲点和策略，就会变得越轻松，为什么？因为越是觉察得清楚，我们就越能放下不必要的包袱——紧抓不放的自我形象、矫饰，或是让自己成为特殊人物的欲望。

我第一次见到净香·贝克是在某次闭关时的正式访谈中。和这么著名的一位禅师见面，令我感到坐立不安。我坐定下来，并且告诉了她我的名字。她问我："你是从哪儿来的？"我立刻吓得呆住了。我以为她问的是一则禅宗公案，于是赶紧回答："我不知道。"她听了之后放声大笑。她当时的意思只是"你住在哪里"，我却怀着过多的预设——譬如禅是什么，一位著名的禅师可能会怎么样，我的表现应该怎么样——而完全没觉察到这些意象的真相。因为当时我还没领会标明念头的价值所在，因此对那些未经检查的意象信以为真了。从那时起我一次又一次地看到，这种标明念头的方法确实能厘清主宰我们生活的种种幻象。

我们时常会忘掉修行是需要时间和毅力的。有时我们会忘记自己必须进行的一些基本训练。从修行生活的开始到结尾，都必须一再地付出努力。标明念头的方法主要是在帮助我们如实见到这块瑞士乳酪的坑洞。如果不再认同自己的信念，就不会称这些坑洞为"我"了。一旦停止相信这些坑洞的实存性，就能意识到更大的整体。但是我们必须明白，标明念头的修炼并不是那么容易达到的，要想精细地进行这项修炼，就必须持之以恒，诚实地对待自己，而且可能得花上多年的时间，才能发展出足够的功力。

体证身体的实况

厘清信念系统跟觉察力息息相关，不过这只是一部分的基础训练罢了。第二种途径也同样重要，却比较难以描述清楚。这个途径可以被称为"体证"。然而，到底什么是体证？在本书中我们会不断地探讨这个问题。它主要涉及的是在每一个当下对身体的实况进行觉察，或是对身体上的各种感受了了分明地觉知。其中包括对呼吸的觉知；同时也包括了对周遭环境现象，譬如声音、影像和气味的觉察。

让我们来品尝一下个中的滋味。试问你的身体现在有什么感觉？你最强烈的感觉在哪个部位？请选出其中的某一个感觉，看看那份感觉到底是什么，它的质地是什么。接着觉察一下周遭的环境。周围有没有任何声响？空气在你的皮肤上会造成什么感觉？注意一下眼前的身体实况，看看自己对此经验不熟悉到什么程度。留意一下脱离心智活动而进入身体实况的感觉是什么。只有不陷入思维活动时，才可能拥有这样的体证。

这两种修持的途径——厘清我们的信念以及体证身体的实况——能让我们扩大觉知的范围，即使是最困难的情绪反应，也可以被包容进来。我们甚至可以学会用崭新的方式跟自己最深的恐惧、最深的羞耻感、最不想要的感觉产生连结。一旦能厘清自己信以为真的想法，而不再把它们当真，并且能安住在肉体的经验之中，就会开始看到自己所经验的这些坑洞，只不过是一些深植于心中的信念以及身体上微细或不太微细的不舒适感。如果能见到这些现象——我所谓的见到，指的是能够促成真实理解的一份洞见——就能尝到自由的滋味了。

觉察的范围一扩大，我们就会发现自己开始有能力安住在这些坑洞之上，而不再确信它们是实存的。有了觉察之后，那些自我设限以及造作出来的观点，就会变得比较松动了；然后我们就会跟人生的真相产生连结。那就像是摘掉了有色眼镜，不再透过局限、欲望和批判的镜片来看待事物。那也像是脱掉了一双紧鞋：局限感和界分感突然消失了。

当然，不消多久我们又会重新穿戴上我们的有色眼镜和紧鞋。虽然我们已经尝到了那份如实安住的自由感，但还是宁愿回到旧有的模式。因此，愿意如实安住的过程是既缓慢而又犹豫不决的。过程中抗拒力会一再出现，我们将不断地在是非之间挣扎，时而安住在挣扎之中，时而追逐着舒适和安全的幻觉。

但是到了某一个阶段，我们自然会从不情愿安住，转变为心甘情愿地顺受。这种转变即是关键所在。只要愿意当下安住，就能和生命的坑洞及整体共处，不过那些坑洞并不会因此而消失；我们只是如实看着它们而不再信以为真了。这种转化的过程，便是修行的精髓和成果。

第四章 体证和目睹

> 我们的觉知就像是一片开阔的天空，而包涵在这份觉知里的所有内容——思想、情绪及各种心态——就像是过眼云烟一般……根本没有任何实质性。然而只有亲身体证每一个当下的身体实况，才能真的领悟到这一点。

如果检视一下所谓的"实修生活",那个会一再出现的字眼就是"体证"。然而体证到底是什么?我们能不能替它下个定义,或是详加描述一番?

不幸的是,体证很难被妥当地描述,也很难下定义。我们必须从内心里领会当下活生生的实相。一开始很可能会认为体证就是去体察某个特殊的觉受,譬如呼吸。我们可能会聚焦于吸气时鼻子所感受到的凉风,或者一呼一吸时上半身的升降感。这种专注于呼吸的觉察方式,能够让我们落实到身体的实况。回归到身体的实况,令我们脱离了转动不停的心智次元,并且提供了亲证的滋味。

然而体证是无法被化约成简单的身体觉受的,虽然我们必须从身体这一端开始觉察起,然后才能朝着更深更广的体证过程去前进。通常在身体上进行觉察时,我们可能会经验到所谓的三摩地,这是一种完全融入于客体的专注状态。你完全聚焦于呼吸、烛光或某种声响（譬如梵唱或音乐），有时甚至会因此而失去自我感。但是我要再强调一次，这些专注状态只是初阶的境界，它们的重要性就在于，它们能够让我们落实到当下身体的实况，而不再继续妄想。不过就体证而言，这些境界仍然是非常有限的，因为它们会将真实的人生排除于外。体证永远需要觉醒和觉察，如果我们只融入于过度狭窄的感官觉受，是不可能觉醒和觉察的。

三加三默观练习

对于达到所谓体证的觉知状态，许多人已经发现三加三的默观练习很有帮助。这项修持的方式如下：将三种不同面向的感官觉受同时纳入你的觉察，然后将它们保持在三次完整的出入息里。举例而言，你可以先觉察自己的一呼一吸，然后一边觉察呼吸，一边体察自己的双手安放在腿上的触感。接下来你一边维持住对呼吸和触感的觉察，一边则开放你的觉知，将周遭的声音也一并纳入。然后将这三个不同面向的觉受安住在三次完整的呼吸中。

为了体会到三加三的滋味，不妨试一试下面的步骤：首先将觉察力放到呼吸之上，不过你必须确定你是在感觉呼吸的真实质地，而不是在脑子里想一想你在呼吸就算了。接下来开始纳入空气在肌肤上所造成的感觉，感受一下空气的温度和质地，然后一边维持住对呼吸和空气的觉知，一边将觉知扩大到对整个身体姿态的觉察。在三次完整的一呼一吸中，将呼吸、空气和体态纳入觉知里。

这项练习可以来回做上几次，焦点也可以有所变换：譬如你的脚，你的头顶，你的嘴巴、背部和臀部。你可以利用眼前的景象（形状、色彩、阴影），任何一种身体上的紧张感或强大的觉受。重点就在拓展我们的觉知，落实到身体的实况，维持在这种状态而不落回妄想。将觉知导向三个不同的面向，我们会因此而更完整地体会到当下正在发生的事。一开始进行这项练习会有些困难，但如果能不断地进行这项练习，觉知的范围就会逐渐拓宽。到了某个时刻，你可能会突然跳进"目睹"的空间，那时你就不再全然认同我们惯常的那份自我感了。

在这种更宽广的目睹中，你会清楚地注意到周遭的一切，但是又没有特定的目标。任何一个出现在我们的觉知和观察之内的东西，都会被我们注意到。这时我们就不再刻意主导我们的觉知，譬如数息或进行三加三的练习。我们的觉知开始从某个焦点转移到了另一个焦点，甚至能同时觉察到好几个面向。我们从一种清澈而警醒的状态来目睹感官所及的世界，但是又不执著于这些面向，这便是所谓的"体证"。

远离妄想

学习者时常被不同的名相所困扰，以下的问题时常会出现。譬如，所谓的观察者是什么？观察者和目睹是相同的，还是有所不同？一般而言，目睹或观察者其实都不存在，这些名相只不过是用来形容觉知在拓宽中的不同阶段罢了。当我们开始觉察自己的时候，就好像有一个观察者跳出来在看自己，不过那种状态仍然有一股强烈的自我感。一旦进入目睹的阶段，我们就会经验到祥和与空寂，自我感也会减低，但这并不意味我们和自己的经验是疏离的。事实上，处在目睹的状态，我们往往会有强烈的存在感和连结感，不过这样的描述仍然是一种空泛的理论，重点还是在于用心体证。

体证的重要性之一便是，我们越是能亲身体察，就越不会陷入妄想。反之，越是陷入妄想，就越不能真的体察。因此，标明念头便成了体证最重要的方法：只要对自己的念头深信不疑，我们就会被锁在心智的次元而脱离了当下的身体实况。

如果练习自我观察和标明念头，我们也许会发现念头经常和日常行为有直接的关联。譬如说，我们基本的行为策略如果是想要掌控，我们可能会发现自己的思想也总是在计划着什么，即使静坐时仍然在延续这样的对策。这并不是一种巧合，因为如果害怕事情会一败涂地，我们一定会竭尽所能不去面对这份恐惧。我们甚至会在静坐的时段里迷失于未来的计划中，借以逃避那份对失控的不安。修行就是要努力认清这种心理动力的过程。因此，每当我们看到自己的思维模式时，就要立刻标明我们的念头，这样才不会迷失于其中。对这些思维模式变得熟悉之后，只需要给它们加上计划的标签，就可以回来觉察身体。心中的计划至少有一部分是想要掩盖这份不安感，一旦发现到这一点，我们就回来觉察自己的身体，试着去体验那份不安。只要不迷失在思维活动里，会比较容易体验到那个时刻的不安。

如果你在静坐时总是花许多时间幻想，那么你能不能看到这些幻想都是一些追逐快乐、躲避焦虑不安的模式？如果能清晰地见到这一点，就要立刻在这些念头上加个"幻想"的标签，然后回来觉察身体上的这份不安感，并且认清是它促成了想要逃避的欲望。如果你时常迷失在你编织的剧情里，并且重复地在心中编织出一些对谈，那么你能不能看得出，这些思维模式其实是要竭力逃避被忽略或是被轻视的恐惧？如果是这种情况，你就应该在这些念头上标明"对谈"或"戏剧化倾向"，然后回来觉察身体上的那些小坑洞，并且看到从这些妄念的小坑洞里生起了想要被肯定的需求。

重点是，如果我们无法清晰地看到自己的念头并加以标示，就很难真的在身体的层次上获得体证，因为我们会被自己所深信的妄念遮蔽。尤其是当我们陷入困惑而强烈的情绪反应时，心中更容易杂念纷飞而很难看到该加什么标签。这时我们不妨制造出一个笼统的标签，来厘清那些混乱不堪的妄念。譬如早上醒来时，发现自己充满着焦虑的念流，至于那些念头的内容是什么却不重要。其实那些念头都是从想要掌控的欲望中生起的，或是想逃避对混乱的恐惧。因此我对自己说："心里的妄念是：事情不在掌控中，但是我又必须得掌控。"其实上述的念头从未真的在心中生起过，我只是利用它们来简化一下复杂的妄念罢了。辨别和标明念头能令我回到当下的身体实况。我们越是能清晰地观察和认识自己，就越能看透思维的模式，并因此而进入当下的体证。

安于当下

但即使能清晰地看到并标明念头，要想维持住这份体证仍十分困难，尤其是在前面的阶段。为什么我们即使在静坐时都很难安住于身体之内？我们到底在抗拒什么？这一点必须要诚实地面对。通常我们根本不想安住在当下这一刻，即使是几秒钟都不愿意。

最肤浅的说法是，也许我们对经验世界根本不熟悉，所以很难安于其中。我们的教育没教我们如何体验及居住在当下的感官世界里。我们的正规教育只教会了我们如何思考。此外，我们的文化也总是朝着追求安全感及舒适的方向发展。因此，要想打破多年来的局限，必须重复再三地修炼，才能安于当下。

进一步而言，即使让自己安于当下这一刻，我们对那种感觉也还是一点都不喜欢。因为那时我们就必须面对心底深处的焦虑振波了。也许我们会感到一种暧昧不明的无所依恃感，或是从我们未经治愈的痛苦中所生起的不安。我们几乎永远在抗拒这些感觉，因为它们实在不好受。我们总是在逃离这些摇摆不定的感觉，而躲回到由思想捏造出的舒适感中。

当强烈的情绪反应生起时，这种倾向就更明显了。举例来说，一股强烈的焦虑感生起了，其中的担忧和恐惧，感觉起来就像死亡一般。这时就算我们还记得修行——将焦虑视为道途，而非逃避的对象——我们还是很难安住在这股焦虑感中。标明念头这时就派得上用场了，因为我们将不再以"我不能做这个"或"这实在是太过分了"之类的信念系统来助长情绪。然而即使有能力标明念头，并因此而放松了对它们的执著，我们还是会抗拒焦虑所带来的不适感。会抗拒是因为我们根本不喜欢这份不适感。

通过修行我们可能会逐渐发现，这些感觉起来像是死亡的强烈情绪，其实并不是死亡，它们只是由信念或不舒适的身体觉受组合而成的一些现象罢了。我们一旦培养出安住在身体和情绪能量的意愿，很快就会认清这项事实。抱持着毅力和努力，我们终将发现，经由体证确实能转化顽强的情绪反应，让它们变得更容易被看透。但这并不意味它们会从此消失（当然也有这个可能性），而是我们的心态终于变得自在多了。

举个例子，某个阶段我对自己的修行生涯感到特别沮丧，因为感觉起来我的修行似乎停滞了，然而又心知肚明自己只是不愿付出必要的努力罢了。我开始严重地质疑起自己来，沮丧和自我疑惑让我坠入了焦虑和绝望的状态。我甚至怀疑自己干吗要修行，因为似乎没有一件事是顺利的。

我去找净香向她描述自己的状况，她一开口就问我最深信不疑的念头是什么，我发现连我自己也弄不清楚。事实上，我连标明念头这件事都已经忘光了。后来她又问我能否安住在肉体上的情绪能量。

接下来的几天，每当沮丧或焦虑生起时，我立刻问自己最深信不疑的念头是什么。当这些念头变得清晰可见时，我就会标示出它们："心中的妄念是：什么也无所谓了。""心中的妄念是：我永远也修不到家了。""心中的妄念是：这又有什么用？"我时常必须在同一个念头上重复地标示。然而，心中的剧情一旦变得明显易见，就会比较容易回到肉体上的情绪能量，不过内心仍然会抗拒身体上的不适感，尤其是心窝一带的焦虑感以及那股快要毁灭的感觉。我不断地将觉知拉回到身上的觉受，浓稠的情绪便开始有了转变。它不再显得那么坚实，而开始化成细碎的、被加上标签的念头，以及不断在变化的各种感觉。即使残余的感觉仍然存在，我也不再将其视为沮丧或焦虑了。

通过这个例子我们可以看到，借由体证的修行方式，我们虽然仍旧感到焦虑，但至少不会完全认同它了。我们不再完全认同"我"或"我的焦虑"，而能够将觉知的范围拓展到所谓的"目睹"状态。在这个拓展出的空间里，我们可以因为享有一份寂静感而体验到当下所发生的事。我们的觉知就像是一片开阔的天空，而包涵在这份觉知里的所有内容——思想、情绪及各种心态——就像是过眼云烟一般。随着我们对自己情绪的体证，我们越来越能理解它们并不像表面那般浓稠与真实。这个被我们称为情绪的东西，只不过是一堆错综复杂的思想和感觉罢了。它如同云烟一般，根本没有任何实质性。然而只有亲身体证每一个当下的身体实况，才能真的领悟到这一点。

至于在静坐中的禅定经验呢？那种寂静、安详与清明的愉悦感又代表着什么意义？我们为什么不愿意安住在这种状态？我们为什么会脱离这看似正向的当下？有时我们脱离当下是非常坚决而快速的，就好像那一刻充满着危机似的。然而它的危险性到底是什么？因为，安住在当下而妄念减少时，自我的实存感就会松动。缺少了这个自我认同的地基，我们确实会觉得危险。越是放松，无所依恃的感觉就越强，因此，抗拒当下，想要重返思维世界的倾向，是完全可以理解的。但如果想得到解脱，就必须练习回到无所依恃的当下。

然而我们为什么要返回到当下？为什么回到当下那么必要？因为借着它，便能和实相产生连结。只有跟实相产生连结，才能让我们体验到人人都向往的满足感。即使当下这一刻我们都陷在恐惧中，解脱的关键仍然在于体证身上所出现的恐惧感。多年来的制约、未经治愈的创伤以及为了保护那些创伤而镀上的外壳——这一切都埋藏在我们的细胞里——都可以因此而被觉察到。体证能够转化我们，因为它可以穿透那些看似牢不可破的细胞记忆。在目睹的开阔觉知里，紧缩的自我和它的痛苦情绪便开始化解，这时我们就能如实看待它了：一些错综复杂信以为真的念头，加上不悦的感觉和古老的记忆！这时我们就不再认同这份狭窄的自我感，而开始认同更宽更广的觉性了。

体证可以让我们理解，我们比这副肉身和这出个人的戏码还要宽广得多。愿意回到当下身体的实况，不但让我们和生命无限的能量产生连结，并且使我们感受到这股能量灌入我们受限的肉身中。我指的并不是在修道院闭关多年才能达到的神秘境界，而是只要愿意安住于生活经验就能体悟的状态。修行一定会遇到阻力，我们会产生"这是不可能生效的"以及"我永远不可能做得正确"之类的论断，这时的忠告仍然是要坚持不懈——如实认清那些论断和阻力——然后回来安住于真实的经验之中。

第五章 第八十四个烦恼

佛陀曰:"……所有的人类都有八十三种烦恼。其中有些烦恼也许偶尔会突然不见了,但很快又会生起其他的烦恼。因此,我们永远都有八十三种烦恼。""我的法虽然无法解决这八十三种烦恼,不过也许能舒解第八十四个烦恼……我们根本不想有任何烦恼。"

有位农夫曾经到佛陀跟前倾诉他的烦恼。他告诉佛陀务农的工作有多么困难，无论是雨季或干旱都会带来各种问题。他也告诉佛陀，虽然他很爱自己的太太，但还是不能忍受她的缺点。同样的，他虽然很爱他的孩子，不过他们仍然无法令他完全满意。他问佛陀这些问题要如何解决。

佛陀答道："很抱歉，我无法帮助你。"

"这话是什么意思？你不是一名伟大的导师吗！"农夫如此斥责佛陀。

佛陀曰："先生，事情是这样的，所有的人类都有八十三种烦恼。其中有些烦恼也许偶尔会突然不见了，但很快又会生起其他的烦恼。因此，我们永远都有八十三种烦恼。"

农夫的反应非常愤怒："那你那一大套的说法又有什么用？"

佛陀答曰："我的法虽然无法解决这八十三种烦恼，不过也许能舒解第八十四个烦恼。"

农夫问道："第八十四个烦恼是什么？"

佛陀答曰："第八十四个烦恼就是我们根本不想有任何烦恼。"

也许我们并不清楚自己心中埋藏着一种根深蒂固的想法，以为修行的时间如果够长或自己够努力，烦恼就会消失。这个想法的底端还有一个更深的信念：人生应该是没有痛苦的。虽然这些基本的信念往往会促使我们修行，但修行并不是要为我们带来没有困难的人生。修行的目的乃是要发现我们到底是谁。经由我们的修持，我们和烦恼之间的关系很可能变得轻松起来。但身为受限的生命，又活在混乱不堪的世界里，我们永远都会遇到困境。我们永远都有八十三种烦恼。

如实面对人生

事实上，期待烦恼能消失才是我们真正的问题。我们根本不愿意如实面对人生。如实面对人生意味着必须放弃我们对人生所抱持的幻想。每一时每一刻我们都想改变眼前的真相，这份抗拒感就是人生的基调。简而言之，我们并不想觉醒，我们只想抓住自己的信念，甚至想抓住自己的痛苦！我们并不想放弃自己的幻觉，即使这些幻觉造成了我们的不幸。修行生活最大的挑战就在于，它会将我们所有不想面对的烦恼都暴露出来，因此我们会产生抗拒，当然，这也是一种制约反应。这是自我在奋力维持掌控权；这是不想放弃已知的一种恐惧（即使已知的一切令我们十分不悦）。

抗拒有许多种形式：不想打坐，宁愿妄想不断，压抑或逃避情绪所带来的痛苦，谴责自己以及谴责我们的人生。不论以什么形式来展现自己，抗拒永远不会带来祥和。我们抗拒什么就是在强化什么，如此一来，我们往往会使烦恼更具体，让它变得更为坚实。

如果能开始培养如实面对人生的意愿，那么不论我们喜不喜欢它，我们和自己想逃避的事物之间的关系已经有了转变。到目前为止，我们可能一直觉得自己别无选择而只能不断地将它们推开。但观察一下自己对这些事物的抗拒，我们会发现这个模式只会加重痛苦。只要将注意力轻柔地拉回到我们不愿意面对的这些事物之上，僵固的立场就会因此而软化。只要愿意看一看它们而不将它们推开，我们顽强的立场就会开始软化，并拓展出一份内心的空间感，让我们有能力经验那些令我们抗拒的事物。

这使我联想起佩玛·丘卓曾经说过的一则故事。她有一位童年结交的友人，总是重复地梦见自己在一栋大房子里被一些凶猛的怪兽追赶。每当她关上身后的一扇门，怪兽就会立刻将门打开而令她惊恐万分。佩玛问她这些怪兽到底是什么模样，她这才发现自己从未正眼看过它们。后来她又做起这个噩梦时，心态却有了改变。她不再躲避这些怪兽，反而转过头来看着它们。虽然它们看起来是那么巨大而恐怖，却没有攻击她；它们只是不停地跳上跳下。她凑上前去看着它们，那些色彩鲜艳的立体怪兽竟然缩成了黑白的平面体。她从梦中醒来,从此再也没做过那个噩梦了。

因为我们总想把心中的怪兽推开,它们才变得如此逼真。我们一旦看透这股抗拒力,人生就变得有解了。也许我们并不喜欢自己的生活,但也不需要向它宣战。我们不妨开始留意一下自己逃避当下以及逃避修行的各种方式。我们会发现自己所做的每一件事都有抗拒的成分。我们可以从不想静坐之中看到它,也可以从不愿意安住在身体的经验之中看到它。我们总是选择不断地瞻前顾后。每当我们认为自己无法修行,或达不到修行的标准,或认为修行太难时,这其中都有抗拒的倾向。我们会发现自己就像是一具上满了油的抗拒机器。

事实上,抗拒乃是修行最麻烦的问题之一。它的展现令人叹为观止,样貌又千变万化。如果在修行中遇到下面的困扰——怎么样就是不想再修行了——这时只要下了这个评断,我们就会开始对它深信不疑。我们可能会认为自己是个失败者,或是认为修行根本不管用。像这样的评断必须被清晰地照见并重复加以标明,才能真的将它们放下。如果不能在这些沉重而尖锐的信念周围拓展出空间,我们的抗拒将变得更顽强,逃避实修生活的习性也会更强化。然而一旦看透了这些念头,我们就不会再批评那些令自己抗拒的事物,甚至不再批评这个总想抗拒的自我了。我们会发展出一份好奇心,让我们回过头来面对自己一直想逃避的事物。我们甚至能迎接这份抗拒力,把它视为认识自己的良机。

这是什么

当我终于准备好不再逃避自己的恐惧时，净香·贝克教给了我一种修持的方法，后来证实这个方法用来对治逃避倾向确实价值非凡。此法乃是要问自己："这是什么？"其实这就是一则禅的公案，因为答案无法从思想中得来。你必须真的经验它，才能得到解答。事实上，答案就是当下经验的本身。以佩玛所说的故事为例，当她的朋友转头看着那些怪兽时，就等于在问自己："这是什么？"

不论抗拒以何种面貌示现——分心、恍神、幻想、计划或昏沉——你都要问自己"这是什么？"阻碍当下觉知的到底是什么？请花一分钟的时间安住在当下。感觉一下此刻出现的抗拒力，然后问自己："这是什么？"这股抗拒力在身上造成了什么感觉？它的本质是什么？它出现的部位在哪里？它的质地如何？它有没有在心中制造出噪音？

再问自己一次"这是什么？"然后试着安住在当下的经验之中。如果你的心飘走了，把它拉回来，再问自己一次这个问题。请安住在这股抗拒力之中，然后再深入探索下去。请问你所抗拒的是不是身体上的不适感？还是情绪上的不安感？你能不能轻柔地觉察它？你能不能再多一秒钟与它共处？你愿不愿意经验这股抗拒力的实况？

直到我们愿意彻底经验这股抗拒力并拓宽我们的觉知之前，修行仍然会不断出错。历经无数的失望之后，我们才甘愿安住于这股抗拒力之中，到那时我们的好奇心就会大到愿意将这股抗拒力视为修行的主题了。我们一旦开始安住在这股抗拒力之中，开始去体会趋乐避苦的策略往往会封闭住自己，而愿意面对这些我们从不想面对的问题，便有可能活出真实的人生了。这时，修行的成果——自由、开放、感恩——将会在日常生活里显现出来。

　　愿意包容我们遇见的每一样事物，而不将己所不欲之事推开，便等于在对我们的人生说 Yes。不过我们无法强迫自己说 Yes，就像我们无法强迫自己心口合一地说出"没问题"一样。"没问题"确实是具有深意的，可是如果我们一心只想没问题，便达不到目的了。紧抓着这股欲望不放，是人类与生俱来的本能，虽然如此，修行生活唯一正确的选择，仍是要不屈不挠地包容我们所有的经验。否则，我们就可能会将真实的生活推开，不去面对其中所包含的诸多痛苦。

第六章 静坐的三个面向

> 静坐的第一个面向就是安住在身体中……静坐的第二个面向就是标明念头和体证……静坐的第三个面向乃是要敞开心胸面对经验的本质……

修行不可能只凭着阅读和思考就领悟了，只有通过真实的体悟才能带来清晰的认识，所以我们必须在自己的经验里学习。虽然如此，能够清楚地认识静坐是什么，仍然是有些帮助的，即使这份认识也只是一种概念罢了。你是否经常发现自己在静坐时根本不知道做这件事是为了什么？你是不是时常在问自己"我现在到底应该怎么做？"这份困惑是修行途中很正常的现象之一，所以我们必须不时地回顾一下静坐的基本原则。

静坐可以分为三个面向。这三个面向并不是各自独立的，它们是一个相互连贯的总体。但为了便于描述，只好将它们分开来解说。

安住在身体中

静坐的第一个面向就是安住在身体中,这是静坐最基本的目的。一开始静坐时,我们会采取特定的姿势,但重点并不是那个姿势,而是有没有觉察到身体的实况。安住在身体中,意味着我们是觉醒的,而且对身上所发生的事了了分明。静坐虽然能促成这份了分明的觉知,然而在地下铁,或站在任何一个地方,或躺在床上,同样也可以觉察。

能够在每个当下觉察身体的实况是很有帮助的事,尤其是刚静坐下来的时刻。我通常一上座就会问自己:"现在发生了什么事?"这时我立刻触及到我的身体实况、心态和情绪,以及周遭的环境(温度、声音、光影等等)。这样的检查方式只须几秒钟,却立刻能让我跳脱头脑的领域,落实到更具体的身体的世界。重点就在不去思考身体、情绪或环境,而是真的去感觉它们。做完这种快速的检查之后,我就回来觉察自己的姿势,然后告诉自己:"让脖子挺起来,让腰部放松、放宽。"这样的提醒能够让我进一步地觉察自己的身体。在静坐的时段里,每次一发现自己转进了妄念,就利用上面的那句话将自己的觉知拉回到当下。安住在身体中,简而言之便是安于当下。

通常我坐定下来之后,总会花几分钟的时间专注在呼吸上。我并不是在想着呼吸,而是真的觉察一呼一吸的感觉。在这段时间里如果妄念生起,我不会替它们加标签;我只是缩小焦点在呼吸之上。这个方法的作用只是要帮助自己安定下来。

然而这种专注禅定的价值也就是它的局限所在，因为它会将真实的人生排除于外。修炼乃是要敞开胸怀面对人生，而不是将它排除于外。虽然持续专注于呼吸之上可以让我们安详、放松及心神集中，但这并不是静坐的目的。不论我们有多喜欢那些令人愉悦的特殊体验，静坐的目的仍然在于觉醒，也就是要觉察我们所有的经验。它最终的目的就是要学会如实面对人生。所以，即使专注禅定有时也极有帮助，我们还是要利用静坐的时段来拓宽觉知。为了将专注于呼吸转化成更宽广的觉知，我通常会做上几回三加三的练习。这项练习会迫使我维持专注，而同时又能拓宽觉知。三加三能够为修持打造好基础，如果没有这个基础，过于开放的觉知将变得混乱和恍惚。

不过，开放的觉知确实是安住在身体中的本质，只有在那种状态之下，我们才能觉察到身体的感官、思维的活动、不断改变的心态以及由周遭环境输入的信息。我通常会将三分之一的注意力放在呼吸上，但重点仍在单纯地觉察眼前发生的所有经验。这个途径毫无独特之处——它是非常低调而平常的。我们只是如实看着以及经验着各种的生命现象，而不带有任何意见和评断。虽然这个途径如此低调及平常，我们仍然会不断地逃离当下，对念头活动所带来的慰藉和安全感上瘾。

所以安住在身体中听起来很简单，做起来却十分困难。为什么？因为我们就是不想活在当下。我们有很大的一部分宁愿活在自我中心的梦想和计划里，所以会不断地逃离无常又毫不浪漫的当下经验。一旦能安坐在开放的觉知里，身心就会跟着稳定下来，而开始进入不被妄念勾牵的空寂。进入空寂并不需要费力，只要将觉知轻柔地拉回到当下，允许生命自然展现就够了。

标明念头和体证

静坐的第二种面向就是标明念头和体证。静坐时情绪会自然生起。有时我们一觉察到它们，它们就不见了，但有时又强大到不得不注意它们。当这种情况发生时，我们的注意力会比较集中，这时就可以开始试着标明念头了。同样的，我们也必须留意身上所出现的感觉，这是情绪反应必然产生的现象。每当情绪生起时不妨问自己："这是什么？"但这个问题的答案不该是一种分析。因为情绪是思想无法表达的，它就是它自己，故我们只是看着自己的情绪经验，留意它在身上所造成的觉受。我们留意它的质地，也留意它不断在变换的面貌，然后才能明白情绪到底是什么样的感觉，就像有了新的发现一般。

不可避免的，我们一定会溜回到妄念中，但只要一落入妄念里，就无法继续体会身上的情绪觉受了。事实上，情绪越是强烈，我们就越容易去相信自己的念头。因此这项修炼只是一遍又一遍地标明念头——了了分明地看着它们，而不再认同它们。我们必须在标明念头和体证之间来回练习。

以这种方式学习跟情绪共处，可以让我们认清大部分的情绪烦扰都根植于自己的局限，尤其是从局限中所生起的论断和信念。我们将认清这些情绪反应——时常令我们恐惧以及想逃避的东西——也只不过是一些妄念，或是令人不悦的身体觉受罢了。只要我们愿意怀着好奇和毅力去经验它们，就不需要再害怕或抗拒它们，如此一来，我们的信念系统就被看透了。

敞开心胸面对经验的本质

静坐的第三个面向乃是要敞开心胸面对经验的本质。如果经验到浓稠、强烈、排山倒海似的情绪而困惑得不知该如何修行时，我们要怎么办？

这时标明念头已经派不上用场了，我们只能将痛苦的情绪反应吸进胸中。虽然最后我们还是得厘清那些跟情绪反应相关的信念，不过当下只需要面对心里的恐惧及羞辱感就够了。我们将那些波动不已的肉体觉受吸进胸中，让这个部位变成那些强烈情绪的容器。我们并不试图改变什么，而只是充分体验自己的情绪。为什么？因为充分体验自己的情绪，可以突破自我保护的重重甲胄，并且能觉醒我们的爱。充分而深入地体验我们的情绪，这么做既能净化道途，又能通往爱与慈悲的泉源。

在这些黑暗的时刻，当我们觉得被击垮时，特别容易苛责自己。我们可能对自己抱持着最负面的想法，认为自己是一个软弱无望的失败者。这时我们最需要的就是一份爱、善意和柔软的态度。我们可以借由深呼吸及切断无情的自我批判来进行修持。这时如果将气吸入胸中，并穿透重重的甲胄，觉醒心中的爱，我们将学会以更仁慈的觉知面对自己及人类的困境。我们就像是在面对一个毫无自保能力而又充满着烦恼的孩子一般，开始和自己产生连结。这样的态度之中没有任何批判性，只有宽容、友爱及仁慈。愿意将负面情绪吸入心中，并且在这个部位多驻留一会儿，往往显示出愿意继续走下去的力量及勇气。

一旦能面对经验的本质，我们就会明白每一件事都是有解的。此乃修行的关键之一。有时我们虽然很想安住于肉体的觉受，也很想标明念头和体证，但是都无法避免地失败了。偶尔我们会充满着启示和成果，接着却落入了迷惑不清或冷漠无情的状态。修行中的这些起起伏伏是无法避免的，但真正的问题是我们很可能会执著于这些起起伏伏，不是将自己视为一名失败的修行人，便是将自己当成了超级巨星。最好的对策乃是不屈不挠地专注于下一次的呼吸，标明下一个念头，体证下一个觉受，将下一股情绪吸入心中。我们终将体认到每一件事都是有解的。也许今天做不到，但总有一天会做到。事实上，我们很可能得花上多年的时间，才能充分体悟这三个面向。

到目前为止，静坐的三个面向——安住在身体中、标明念头与体证以及面对经验的本质——好像是各自独立的，但其实都有一个共通点：它们都要求我们体悟当下。我们的修持永远都得回到当下。不断地让觉知之光照亮当下的困惑与焦虑，便能突破恶性循环的制约，这就是解脱的缓慢转化过程。

第二部 转化情绪烦扰的方法

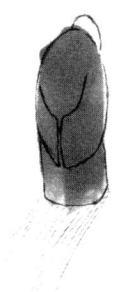

第七章 替代式的人生

> 我们必须不断地回来和情绪共处。如此修持就能回到最原始的坑洞——孤立无援、彻底绝望、充满着恐惧和担忧。只有揭露和深入于这些令人恐惧的部分，才会看到替代式人生的矫揉造作，也才可能跟我们的圆满自性连结。

某位企图心很强的修行人去见一位禅师。这名学生一坐定下来,老师便开口问道:"人类最根本的问题是什么?"学生想了一想,然后答道:"我们都没觉醒。"老师说:"没错,不过这只是一种说辞和思想罢了。"接着便摇了一下铃让学生离去。

怀着搅扰不安的心情,学生继续思索人类最根本的问题是什么。一星期后他重返老师的住处。老师又问他:"人类最根本的问题是什么,你知道了吗?"学生立刻回答:"知道了!人类最根本的问题就是想得太多了。我们认同了自己的思想,把思想当真了。"老师的答复却是:"你现在还是在思想啊。你必须在自己身上真的看到人类最基本的问题才行。"学生怀着非常沮丧的心情离开了。

为了得到最正确的答案,学生把所有的禅宗书籍都拿来阅读。当他再度去见老师时,几乎是趾高气扬地认定自己已经胸有成竹了。老师看见学生的态度便立刻问道:"人类最基本的问题是什么?"学生答曰:"根本没问题!"并且对自己的答案感到满意极了。然而老师却只是一味地盯着他,然后说道:"那你到我这里来是为了什么?"那一刻学生突然泄了气。他低头垂肩,觉得自己丢脸透了。老师一边凝视着他,一边问道:"你当下正在体验的是什么?"学生头也不抬地回答:"我只想找一个地洞钻进去。"这时老师才对他说:"如果你能充分体验这份感觉,你就会明白人类最根本的问题是什么了。"

认清虚拟的替代式人生

修行生活永远得回来面对人类最根本的问题。不过这个问题并不是智力所能解答的。我们无法像上述的那名学生一样,只坐在椅子上用头脑来解决它。其实用智力解决问题,正是我们需要检视的问题之一。我们必须用心去看,并且亲自体证一番,才能明白人类的基本问题是什么。

人类最基本的问题就是永远活在替代式的人生里。源于我们的基本需求——要求保障、安全感和慰藉——我们虚构了一个由对策和建构所组成的迷宫,为的就是逃避人生的真相。将这个替代式的人生当成了真相,其结果便是不再与我们的真实本性连结,也就是失去了与生俱来的开放性。

这种替代式的人生是由许多东西所建构的:我们的自我感,我们的自我形象，我们对人生所抱持的概念，我们的意见和评断，我们的期待，我们的要求。我们把这一切都当真了，然后从这些深信不移的信念中，又发展出了某些惯性的行为反应，来对治我们虚构出来的人生。

这些对策往往根植于我们早先种下的决定——决定了自己是谁，人生是为了什么。下这些决定为的是应付成长中不可避免的痛苦。在没下这些决定之前，我们可能还拥有过一份基本的满足感，然而一旦经验了世俗生活的痛苦，我们就开始脱离了圆满的自性。我们会觉得心里有个洞需要填满，甚至觉得彻底无望或孤立无援。如果我们发觉了这股焦虑的振波，自然会生起自保的本能。这股追求安全和舒适的欲望，又会促使我们填满心中的空洞，掩盖痛苦的本质。

举例而言，躺在婴儿床里的小宝贝如果太久缺乏人的关注（也许只有三十秒钟），便可能感到痛苦不堪。更何况此种情形如果一再产生，这个孩子一定会发展出某种自我形象而认定人生就是如何如何。他可能会认定人生是不太安全的。以这份信念作为基础，孩子一定会发展出某种特定的行为对策。也许他的对策是退缩自保，或者他会认为人生太艰困而奋力掩饰那股不对劲的感觉。另外还有一种策略就是刻意遗忘或向外寻爱。也有的人试图掌控，发展侵略性或是装出兴高采烈的样子。

总而言之，我们将这些决定和策略编织成一些看似坚实的概念，并进而形成了替代式的人生。我们误以为这个以思想为基础的幻象，就是我们的真相或真实的人生。越是相信这个虚拟的人生，就越是远离真实的生活。

我们生活在一个心理学发达的时代，因此很自然会去分析自己，思考自己的问题。但是许许多多的追寻者都已经发现，分析的本身并不能让我们找到那最根本的东西。

分析并不能解决人类最根本的问题。修行的真谛乃是愿意去认清我们早先的决定如何捏造了一个替代式的人生。修行使我们认清我们对自己以及对人生所下的论断如何沾染上或滤掉了当下的经验。我们会看到它们仍然在磨损我们的经验，而且从环境中也能侦察到那些会强化信念的面向。

譬如，我们很可能早就决定没有人是值得信赖的。做这个决定之后经过了许久，我们终于找到了一位值得信赖的伴侣。他一再展现出可以被信赖的品质，可是有一次他做了一件无法被信任的事，于是我们集中火力向他炮轰："看吧！我就知道你是不能被信任的！没有任何人值得我信任！"这个单一的经验压倒了其他所有的正向经验，因为这就是我们长久以来暗自期待的事。我们的论断便如此这般塑造出我们的经验。它们不止反映了我们的经验，同时也沾染了我们的感觉。

一旦觉察到这些操控我们生活的重要论断，就会开始看到它们如何显现在每一个替代式人生的经验里。譬如，假设你看到某种论断操控了你的某份关系，那么你可以确定的是，这个论断也必然影响到你的工作和你对修行的观点。最近跟一位我辅导了多年的学生深谈，她告诉我目前出现的某些关系上的难题。听了她的谈话之后,我对她说:"何不将这些谈话内容写下来?"于是她将它们写了下来。然后我又说:"为何不把你对工作的想法也写下来?"她照着我的话去做了。接着我问她:"你对目前的修行有何感想?你对修行的基本想法是什么?"她也照实写了下来。我看完她的札记之后,把那张纸交还给她。她看完之后,突然瞪大了双眼。虽然她三个问题的答案都不相同,但核心的信念却是相同的:我永远不可能达到完美,事情永远不会改变,这一切的努力又有什么用?

这位女士把她的思想完全当真了。很显然她的核心信念沾染并塑造出了她所有的经验。并不是工作无望,并不是某个男人对她做了些什么,也不是修行出了问题,真正的问题就在于她早先所设定的信念。

早先所下的这些论断最有趣的一点是,我们强调的总是那些对自己最负面的看法。我们将这些负面的看法视为自己最深的真相,而且可能是永远也不会改变的。这种核心的信念可能是"我有缺陷","我永远达不到标准","我是彻底无望的"或是"我不值得被爱"。不论你的信念是什么,它通常都是顽强而坚实的。它几乎影响了我们所有的言行举止,也窄化制约了我们的人生,造成了未治愈的痛苦。

也许你现在正在质疑,这难道不就是我们刚才所说的心理分析吗?这跟实修又有什么关系?答案非常简单。那些让我们无法活得更开放、更真实、更慷慨的障碍就是来自于我们内在心理分析式的论断。这些论断像是画地自限一般,让我们脱离了真实的本性以及自己与生俱来的开放性。修行就是要看透我们的界限，我们捏造出的那些内在疏离感，我们的自我意象，我们的独特感。如果认为修行就是要达到某种永恒的开悟境界——寂静、空寂或任何一种称谓——那都只不过是对修行所抱持的一种幻想罢了。修行必须包括观察自己的问题在内。活在当下意味着愿意和当下生起的任何现象共处，其中也包括我们早先所设定的让自己退缩的论断。

与情绪共处

然而，修行还是有别于心理分析。因为心理分析主要针对的是改变自己或调整自己，修行却是要体验一切。修行要帮助我们见到自我的真相，认清它如何建构了这个替代式的人生。如果依法修持，便能逐渐分解这个自我概念。其实我们最核心的信念就是我是我，其中充满着因界限和疏离感而造成的痛苦。越是能安住在这种分别意识底端的颤栗中，越是能看透它的无实质性。透过这样的修持，就会逐渐经验到更开阔的存在感了。

为了进入这样的体悟，必须看到我们对自己所下的论断具有多么大的影响力，并且要看到自己一再运用熟练的策略来加强这些论断。一旦发现自己的思想和行为之中处处都有这些信念的印记，就会认清这替代式的人生如何变成了我们的实相。

当那位禅师告诉学生"如果你真的去体验当下所发生的事，你就会明白人类最基本的问题是什么了",他要表达的就是上述的道理。学生一旦见到自己想要超越别人,想要揣摩出最正确的答案,并且想从中获得自己需要的东西,就会开始认清替代式的人生到底是怎么一回事了。后来当老师揭露学生的谋略时,学生突然经验到极大的失落感,那一刻他才有机会体悟到生命的动力过程。他这才见到是什么在操控他的人生。

情绪反应永远和替代式的人生以及我们对人生所下的论断息息相关。我们对自己、对别人、对人生都有许多期待和要求。这些期待如果无法被满足,我们多多少少会经验到不同形式的失望。如果能认清这股动力的过程——心理学和修行就是在这一点上分道扬镳的——我们便开始进入修行的下一个阶段。在这个阶段里,我们要学习的只是安住在身体的原始坑洞中——替代式的人生一直企图掩盖以及不让我们看到的那些部分。

假设某人下了一个基本的论断——"我的老婆应该照顾我",那么辛苦工作了一天之后,自然很期待回家时妻子能安慰他。但是一走进家门,却发现妻子正陷在自己的苦恼中。她很想跟先生谈一谈心事,先生却因此而感到光火。他可能会按照自己的惯性起反应,譬如责怪她说:"你为什么永远都不留点时间来陪我?你老是这个样子!"两人之间的情感便因此而每况愈下。有时他的反应也可能是压抑自己的感觉。或许他会把自己看成是受难者而耽溺在自我合理化的骚乱中。

我们所选择的对策往往根植于自己的反应。我们的反应则根植于自己的期待。进一步,我们又把自己的反应当成了真相。这就是我们所看到的一切。我们甚至连自己的期待和行为对策之间的差异都看不清楚,我们看到的只是一团混乱。

一旦能看到自己的决定、期待、反应及对策之间的关系,就会明白我们为眼前的情况带入了什么东西。以上述的例子来说,整个事件的开端就是"我的老婆应该照顾我"这个论断。失望的起因则是心中有所期待。要想认清这股心理动力的运作过程,我们必须真的开始向内观察自己——观察自己的决定和自己的对策。

然后我们必须做的事就是不再依照我们的对策来行动。不论那个对策是谴责别人、合理化自己、压抑或耽溺,我们都不再依照它来行事。但这并不意味我们只是修正一下自己的行为,让自己看起来像个比从前检点一些的人就算了。我的意思是,我们必须体验到自己真实的情绪反应是什么。但是要进行这样的修持必须和经验共处,即便是痛苦的感觉也一样要共处。

譬如上面所说的那个例子,如果那位男士可以跟他的痛苦相处——聆听心中的妄念,并感觉身体上的情绪能量——那么愤怒很可能会因此而消退。假设他能更深入于自己的内心,或许其他的情绪也会浮现,也许愤怒的底端还埋藏着受伤的感觉。能安住在这份感觉之中,就可能进一步发现一种哀伤和失落之感。如果能不逃避这份感觉,或许就会发现各种情绪底端的恐惧了。

我们必须不断地回来和情绪共处。如此修持就能回到最原始的坑洞——孤立无援、彻底绝望、充满着恐惧和担忧。只有揭露和深入于这些令人恐惧的部分，才会看到替代式人生的矫揉造作，也才可能跟我们的圆满自性连结。

我们愿不愿意跳脱幻想的世界，不再将修持视为跟浪漫模糊的空寂合一的境界？我们愿不愿意勉为其难地观察自己的行为、反应，以及那些会造成封闭或暴怒的对策？我们一旦能了了分明地认清自己的论断和基本对策，接下来的修行阶段——安住在那些我们想逃避的坑洞中——就会显得更直接、更真实一些。我们会看透并体验到我们的痛苦而不再过度戏剧化——毕竟那只是一些信以为真的念头和深埋在体内的感觉罢了。一旦发现对自己所抱持的最深、最负面的想法也不是那么具体，人生就变得有解了。

我们将看到或体证到我们并不是四分五裂的。其实我们从未破裂过，因此也不需要被修整，这就是修行生活的精髓——不断地看到我们在替代式生活中所坚持的盲目信念，以及透过这些盲目信念所造成的界限和疏离感。

第八章 如何转化愤怒

要想转化愤怒,我们必须学习不把它当成敌人来看待,不将其视为我的苦难,而只是将其视为我们受限人生的烦恼之一。我们一旦清楚地看到这一点,就会发现不以愤怒侵犯他人是厘清愤怒极重要的一步。

修持生活就是要学习敞开心胸。我们必须学会从更大的视野来观察我们和本性连结的障碍是什么。是什么东西封闭了我们的生命？是什么东西让我们脱离了开放的本质？

我们经常会失去宏观的视野。修持的重点并不是要觉得好过一些，而是要学习和观察。我们必须看到自己的能量如何经由惯性反应和对策而流失。我们必须学会不在日常生活中耗尽我们的能量。

举例而言，当我们生气时，我们总是断绝了眼前更大的视野，也切断了我们基本的连结感。如果我们能清楚地看到自己愤怒时的情绪反应，你会发现它不但窄化了我们的生命，也耗费了我们的能量。我们会看到愤怒是一种对生命的反动，它往往使我们封闭和孤立。

愤怒显然会伤害到自己，也伤害到别人，我们却总是以不屈不挠的精神执著于这种受限的情绪。我们虽然知道愤怒的反应会流失能量，令自己痛苦，并且会窄化我们的生命，令我们变得琐碎与自我中心，但我们还是会藐视这个人人皆知的常识，而顽固地耽溺在愤怒的想法和行为里。

然而愤怒到底是什么？每当生活不顺心时，我们就会生起反应。如果对事情有所期待，就会希望期待的事能成真。如果有需求，也会希望需求能被满足。如果生起了强烈的欲望，除非这些欲望能得到满足，否则我们永远不会安心。虽然人生是中性的，它不带有任何偏见，也不可能符合我们所设定的理想，但我们还是认为人生应该照着自己的意愿来发展。每当事与愿违时，不同形式的愤怒便产生了。

然而我指的并不是严重的暴怒。即使在平淡无奇的日子里，我们仍然会经由隐微的愤怒而流失能量。譬如等红绿灯时，那份不耐烦的感觉也是一种愤怒的形式。如果电视的遥控器坏了，那股懊恼的感觉便是一种嗔怒。假设有人迟到了，我们往往会生起一种自以为是的火大感。我们的球队败阵时的挫折感，也是某种形式的愤怒。被忽略或得不到赞赏时，那种义愤填膺的感觉，当然也是一种愤怒的形式。

如何正确地对治愤怒

大部分的时候我们都看不到自己经由愤怒而流失了能量，看不到自己如何窄化了人生，如何因执意往某个方向发展而令痛苦永远存在。我们只知道依循二选一的方式来对治愤怒。如果某些信念告诉我们愤怒是不好的，我们就会压抑住自己的感觉。即使知道压抑不利于身体或情绪的健康，我们仍然会掩盖住自己的愤怒。在修炼时我们也会继续这么做，许多长期静坐的人往往为了符合某种理想的形象而压抑了自己的愤怒。不论我们是用静坐、食物，还是用电视来作为逃避的渠道，我们都无法以不觉察的方式解脱愤怒。它会继续烙印在我们身上，造成溃烂和未治愈的痛苦。它也许会以疾病、忧郁症、被动的攻击性或是爆发出来的盛怒来呈现自己。

第二种比较常见的对治愤怒的方式，就是将它表达出来。向内的表达方式可能是沉思或挣扎；向外的表达方式则是谴责他人。重点在于，我们的表达永远都暗示着把自己的反应当真了。我们一心只想证明自己是对的，即使那只是个想法罢了。不管我们是压抑还是表达出愤怒，这两种情况都无法让我们厘清它或体验到它。即使在表达愤怒的那一刻，我们也很少能感受到那股能量。我们多半会迷失于念头及责难之中，而无法真的体验愤怒。其实愤怒的作用似乎就是要让我们躲开眼前正在发生的事，然而我们到底在躲些什么？我们很可能想躲开更痛苦的情绪，譬如受创或悲伤。我们也可能不想面对愤怒底端的恐惧。经验愤怒永远比经验受创、悲伤或恐惧来得容易，难怪我们会浪费那么多时间耽溺于愤怒中。但即使愤怒让我们感觉生猛有力或正义凛然，我们仍然是在关闭心门，将人生排除于外。

然而我们到底该如何对治愤怒？首先我们必须明白，愤怒产生时便是我们修持的机会。愤怒就像是一个征兆，它提醒我们必须将注意力转向内在。它提供了一个机会，让我们看到自己以何种方式作茧自缚，并因此而滋生出更大的愤怒。它像是一个提示，要我们检视自己以何种方式期盼着人生能符合我们的需求和愿望。要想厘清这些心相，我们必须向内观看而不带有任何谴责或自圆其说，我们必须以近乎无情的毅力来做到这一点。

不表达负面的情绪是特别用来转化愤怒的一种方法，但这种方法时常引起学生的困惑和排拒。它看起来很像是另一种道德指令，或是另一种被我们视为不妥的压抑感觉的方式，然而我们必须理解的是，不表达负面情绪跟压抑感觉是截然不同的两回事。当我们在压抑时，我们是不感觉的。即使以肢体行为或语言来表达愤怒的情绪时，我们也很少能体验到那份感觉。只有当我们练习不表达愤怒时，才真的能体证到它。体证指的就是去感觉和厘清情绪上的反应。

不表达愤怒也意味着不在世上造成伤害，这是修行生活最基本的主张。即使表达愤怒并不会带来伤害——譬如捶打枕头——不过那仍然是在逃避真实的经验。

为了亲身体证，我们必须放弃归咎和自圆其说，因为它们会阻止我们去感觉愤怒底端的痛苦。此时标明念头就派得上用场了。这是一项需要毅力才能达到的修持功夫，但即使是怒火中烧，我们也还是能进行这项修持。标明念头的例子如下："念头认为他很不体贴"，"念头认为没有人可以忍受这种事"，"念头认为这是不公平的"，"念头认为这是不对的"。除非我们能以这种方式来标明念头，并进而打破对念头的强烈执著，否则很难清明地转化愤怒。

不表达情绪的第二种利益是，我们将学会直接而安静地与当下的情绪共处。然而这并不意味含糊地想一想就算了，譬如，"我正在和愤怒连结"和"我正在感觉愤怒"这两句话中的"愤怒"只不过是两个字的组合罢了，但那份感觉却是绝不含糊的。当我们问自己"这到底是什么"时，这个问题的答案既不是分析，也不是理论或忆想，而是肉体上真实出现的觉受。这股情绪可以被一层一层地感觉到。紧缩感？位置在哪里？那是什么样的感觉？灼热感？脉搏跳动？压力感？我们的觉知就是如此这般地来回扫瞄着，并吸取越来越多的信息，直到感官能充分运作为止。透过这份觉知我们会经验到一个更大的内在空间，我们就在这个空间里去体会那股情绪。

以下是转化愤怒的要素：首先我们要觉察到它，并且把它视为我们修行的机会。接着我们要制止心中的对策——那些自我压抑、自圆其说以及归咎的心念活动。第三步就是要清楚地看到我们的信念，并加以标明。第四步则是要直接在身上体证到愤怒的能量。如果我们能让自己体证到愤怒，它就可能达到巅峰，并因而得到转化，如此我们就从错把这股情绪当成是"我"的制约中解脱了。然后我们才可能触及到更深层的创伤感、悲哀和恐惧——每个阶段都要如此亲身体证。愿意和情绪共处会让我们不再认同它。我们将看到真实的自己比这个小小的我要宽广得多。

我们必须认清其实我们很爱自己的愤怒，即使它会带来不幸。愤怒之中时常夹杂着一股权力欲，它往往能带给我们一种自我确定感。这个所谓的自我就是如此这般在维持着自我中心的梦想。

转化愤怒最困难的部分就在于，它时常会从某种错综复杂的情况里突然爆发出来。在那种情况之下，我们很难留意到自己的情绪。或许最好的对策便是看着自己如何经验我们习以为常的愤怒反应。也许我们已经受够了这份老旧的痛苦而懂得三缄其口，不再制造进一步的伤害。或许这就是修行上的一大进步。

我们必须了解感觉愤怒并不是什么坏事；愤怒只是我们的一种制约反应罢了，而且往往在事与愿违时才会产生。如果在愤怒之上又添加了自我批判和自我敌视——这两者都是根植于我们对自己或对人生所设定的理想——事情就会变得更糟。反之，如果我们能以慈爱的方式——不批判——来进行修持，也许就能释放沉疴的习性和自我重要感了。

重塑情绪经验三部曲

要想转化愤怒，我们必须学习不把它当成敌人来看待，不将其视为我的苦难，而只是将其视为我们受限人生的烦恼之一。我们一旦清楚地看到这一点，就会发现不以愤怒侵犯他人是厘清愤怒极重要的一步。想出口伤人却能闭上嘴巴，这绝不是一件容易的事，但也不是一种压抑，而是将可能伤害到别人的行为暂时止住。

接下来要找到一个妥当的时刻，回顾一下当时真正发生的事，然后就可以透过静坐重新创造出当时的那份不适感。每逢我们的内心产生挣扎或企图自圆其说时，其实我们都在做这件事。不过我现在所说的是要通过静坐的练习，刻意并带着觉知来做这件事。如果我们刻意重塑那份不适感，可能会忆起当时所发生的事——当时身在何处？说了些什么话？生起了什么感觉？我们将当时的情况夸大一些，为的是和原始的感觉产生连结。做这件事的重点是为了在修行的环境里经验到那股愤怒（或其他任何情绪）。即使我们无法重塑当时真正的情绪反应，我们仍然可以用某种方式来转化它——但是在充满着困惑和妄念纷飞的情况下是绝对做不到的。

我从净香那儿学到一种非常有用的方法，也就是把重塑情绪经验的过程分为三个部分——客观情况、情绪的本身以及随着情绪反应所产生的态度上的对策。这么做可以带来了了分明的洞见。

举例而言，你的配偶或工作伙伴对你说了一些批评的话，在你还没有察觉之前，你已经生起了愤怒的反应。因此当你重塑这个经验时，首先要问自己："当时的客观情况是什么？那时到底发生了什么事？"其实当时所发生的事多半是一些从口中说出的气话，或是从耳朵听到的怨言。话语本身通常没什么情绪，是你将情绪反应移植到客观事件之上的。认清了这一点，接下来要看的就是情绪反应的本身。你当时感觉到的是哪一种特定的情绪？其实我们通常都不知道那是什么情绪，所以必须非常诚实而精确地辨认出那份感觉。接下来要看的则是态度上的对策，你的对策到底是什么——是顺从、攻击，还是退缩？虽然对策有别于反应，它们仍然是可以被料到的一些模式。

我们一落入态度上的对策，就很难厘清自己的愤怒了，尤其是对策之中如果还包括归咎或自圆其说的成分，并且还伴随着一种自以为是的感觉。如果我们能停止归咎，便能集中焦点在原始的反应之上。我们首先要问自己的是："我的信念到底是什么？"有时这些信念会很快地浮出表面，有时却很难捕捉得到。不管是哪一种情况，下一步亦即最重要的一步，就是要体证身体上的情绪能量。一旦能真的安住在愤怒之中，便可能触及到那些会造成表面反应的核心恐惧。如果依照这种方式不断地修持，就会在愤怒的周围拓展出一种强大的空寂感。只要我们不再把愤怒当成是我，就不会那么容易深陷其中了。

不表达负面情绪和不自圆其说

过去几年我一直在练习转化愤怒的方法，每一周我会选出一天来练习我所谓的不展现负面情绪。从早上醒来的那一刻直到入睡，我都有意识地不去表达负面情绪，包括内在与外在。然而这并不是一种用来激发德行的修炼方法，它所以有效是因为它能让我看到愤怒的根由。愤怒不表达出来就会很自然地被察觉。我很清楚地看到自己想利用信以为真的妄念替愤怒火上浇油，但我也可以选择不去执著或固化那些念头。我的修持是不认同"我"这个观念，也不认同它的欲求和它的评断，而是要认同当下更宽广的内在空间，如此我就能直接安住在肉体上的愤怒能量了。有时愤怒会因此而很快地消解，甚至不留下任何余愠。

有一位交通警察，在我以滑垒的方式驾车穿越交通号制时，把我拦截了下来。我立刻准备捍卫自己的合理性。我感觉到怒火生起，肾上腺素开始涌出。但是我突然想起那是我不展现负面情绪的一天。我立刻看到自己如何想护卫那个"我"以及它的思想，同时也立刻感受到底层的那股怕失控的恐惧。我在我的身体上经验到这些状况，却选择了另一种反应的方式。当这名警察开始写罚单时，我的心情竟然还能保持愉悦。

如果我们能认清愤怒会生起只因事与愿违，那么放下愤怒就不是困难的事了。最难解决的是我们一心只想发怒，所幸这种一日禅修的方式还能让我们看到其他的可能性。我们会看到愤怒如何从不如意以及想要自圆其说中生起。我们也会看到当愤怒生起时，既不需要将它表达出来，也不需要以自圆其说来护卫自己。

有时我们很可能会认为人生必须以愤怒的方式来对抗。也许某些情况需要我们采取行动，如果没有一点愤怒，我们就可能不会有任何行动了。但是当我们看到不公不义时，如果所采取的行动是由愤怒促成的，难道这不会使情况变得更糟吗？假设我们不发怒，又有什么东西能促使我们创造出正向的改变呢？

从修行的角度来看，不论我们觉得自己多么合理，发怒是永远无法自圆其说的行为。但这并不意味情况需要我们采取行动时，我们却告诉自己不该行动。这句话真正的意思是，我们的行动可以不带有愤怒。只要我们用信以为真的念头在怒火上浇油，就是在障碍自己以清明的心来采取行动。只要被愤怒的负面能量所操控，就是把自己的心给紧紧封闭了。大部分的情况之下，我们仍然受到恐惧的操控，而把生命的一切——包括个人、小团体或大型机构在内——视为敌人。这种情况会让我们扎根于狭窄的自我感中。每当我们以这种方式来合理化自己的愤怒时，我们对更大的视野或基本的连结感就视而不见了。

我曾经当过一项大工程的监工，某回我因工作被严厉地批评了一顿。我心知肚明那种批评是不公平的，不过仍然生起了强大的愤怒反应。虽然我立刻知道要修行，愤怒的能量却不放过我。我试着对那份排拒感说"Yes"，并试图接受那股受伤和恐惧的能量，但我的念头仍然不断地形成归咎和自圆其说来护卫我的自我。

第二天我改变了以往的修行方法，我告诉自己要绝不归咎，也不自圆其说，并将其奉为圣旨。我发现除非我以强有力的方式来阻断妄念，否则念头一定会继续助长那股怒火。自圆其说的妄念不断生起，我则不停地打断它们，回头觉知身上出现的灼热感及反胃的感觉。一天下来，我终于能长时间安住在肉体的觉受上。我开始有能力接受被伤害的感觉和自己的排拒感，并且能觉察到底层的恐惧而不落回到归咎。我将这些感觉直接吸入心中，让它们穿透自我防卫的外壳。

那天快要结束时，负面能量已经完全消失了，不过我还是需要处理一下金钱和一些实际的问题。因为不再有任何负面能量,所以能够很清明地解决那些需要被解决的问题。如果不以如此精进的态度来转化我的情绪反应,毫无疑问,我一定会封闭住自己的心而损害到所有的人。这样的修持方式既快速又真诚,它会让你产生一种统合感,并且能看到更大的视野。

我们一旦深入地转化愤怒,即使面临困难,也能拓展出一份空间感。只要在狭窄的自我感的周围拓展出更大的觉知空间,也许就能瞥见转愤怒为解脱的真谛了。这份解脱将为人生带来立即的行动及清明度,而我们的意志力也会转化成对人生真相的清晰理解,并且能找到清楚的方向和目的。也许在这样的过程中我们会开始选择为生命服务,而不再只是希望它能为我们服务。但是一陷入负面的愤怒能量,慈悲与友爱的开放胸襟就不见了。

因此,每当愤怒生起时,请你留意它,并将其视为你的觉醒之道。请看清楚它如何从你那不满意的心情之中生起,看一看你是否会将它表现出来,还是会将它塞回去。如果你将它表现出来,请体会一下个中滋味是什么:你会不会以担忧的方式来表现它?还是会将它发泄出去,即使是以很隐微的方式?请看一看你会不会认同自己的念头,然后将注意力拉回到肉体上的愤怒觉受。请对自己的核心恐惧保持开放,不过只有当你停止归咎时才能做到这一点。请看一看你是否想让自己封闭在愤怒中?深刻地感觉一下继续活在愤怒里的那份痛苦,你将发现那股失望感会穿透你的心。

第九章 如何转化恐惧

> ……以科学家的态度来观察恐惧,也就是要抱持着一份想要发现恐惧是什么的好奇心。任何时刻只要恐惧一生起,就要立刻问自己:"这是什么?"而答案永远都蕴含在当下身上所出现的觉受之中。

修行生活最重要的就是转化恐惧。恐惧只会让我们封闭而无法超越那层防身之茧;一旦向恐惧妥协,它就会变得更坚实。我们会因此而强化自己的防身茧,并且会紧缩和自我设限。恐惧会令我们逃避那想象出来的结局,但是向恐惧妥协而制造出来的替代式人生,不已经是一个恐怖的结局了吗?

我的好友艾略特·芬图夏(Eliot Fintushel)写过一本名叫《请不要伤害我》(*Please Don't Hurt Me*)的科幻小说,书中的主题是超感经验。每当书中的人物彼此相遇时,他们从不说"哈罗",他们彼此打招呼的寒暄话竟然是"请不要伤害我!"这真是对那操控人生的恐惧的精确描述。思考一下我们有多少恐惧,你会很奇怪为什么我们尚未变成这个议题的专家。恐惧是修行和生活中最难掌控的领域,如果将我们所恐惧的事物列出一张清单,绝对是相当可观的。我们最基本的恐惧包括害怕生病、怕受苦、怕失控和绝望以及害怕未知等等。此外我们也可能怕失去所爱的人，或是怕丧失地位及物质上的安全感。我们更可能怕别人的批评，怕被人当成蠢蛋。我们既害怕死亡，又怕死亡的过程，而其中最强烈的恐惧，可能就是恐惧本身了。

还有许多恐惧是因人而异的，这要看我们的人格发展如何而定，其中包括害怕亲密关系、害怕性关系、怕面对挑战、怕背叛、怕孤独、怕负责任等等。转化恐惧的修行，第一步就是要开始察觉我们所做的每一件事中都有恐惧的成分——友善的背后往往有恐惧，野心、沮丧和愤怒的背后当然也都有恐惧，甚至还可以把愤怒诠释成尚未体会到的恐惧。

第一个阶段 以享乐钝化恐惧

我们的对策之中有许多不同形式的恐惧，不过我们通常都无法察觉自己的所作所为之中竟然有这么多的恐惧。恐惧经常被愤怒或藐视所掩盖，我们也经常以各种活动或娱乐来钝化恐惧。我在中学和大学时，这种情况非常明显，那时人们如果问我有没有恐惧，我一定会回答："我是个没什么恐惧的人，恐惧并不是我的问题。"那个年代的我很喜欢参加派对，喜欢跳舞，也爱喝酒。当时我的目标只是要享受人生，做一个受欢迎的人，而且自以为相当成功了。多年之后回顾起来，我甚至把那个阶段视为人生的黄金时光。

直到几年前我才开始洞悉到早年和恐惧的关系。有一回我放了一张二十世纪六十年代流行的老歌唱片，当时我发现自己生起了一股苦乐参半的怀旧之感。在这股怀旧感中，我发现胃部一带竟然出现了类似焦虑的搅动。我心想："为什么一记起那段黄金时光，竟然会有焦虑感？"这时我才意识到那首歌唤醒了细胞的记忆。其实长久以来的焦虑从未消失过，可能就是这股焦虑驱使我不断地追求享乐，只是我没察觉到罢了。

第二个阶段　企图消解恐惧

活到二十出头，我才意识到自己的恐惧。我就是从那时开始修行的。很快的，我进入了转化恐惧的第二个阶段，也就是企图消解掉它。因为看到恐惧如何局限了我的人生，于是开始依照传统的修行方法企图将它们歼灭——对抗它们，将它们推开。克服恐惧，并因而解脱，这是多么高尚而有价值的事业啊！然而这样的方法往往是我们典型的颠倒妄想所导致的结果：怀着想要去除恐惧的期望来对治恐惧，结果往往会产生误导和带来制约。

由于当时我并不认识这个真相，所以不断以征服的方式来对治我的恐惧。譬如我会走上街头向人要钱，或是走进商店里乞讨食物。向人要钱或乞讨食物对我而言是很困难的事，因为我一向把自己看成是有教养、善良而又有责任心的人。这么一个独立自主的人是不可能向别人要东西的。以上述的方式来挑战自我形象，使我感到相当恐怖和备受威胁。

我二十五岁的时候加入旧金山葛吉夫（Gurdjieff）的修行团体，他们派给了我一项任务，那是我绝不会想到要做的事——自己编一首歌，然后到渔人码头沿街卖唱。夏日里的渔人码头起码有几百个观光客到处闲逛，等着搭电车，我的任务就是为他们唱歌。换句话说，我必须刻意地愚弄自己一番。

我必须在大庭广众面前唱一首类似鲍伯·迪伦所写的歌，然后拿出我的帽子向大家要钱。我当时身上穿着一件嬉皮装，头上戴着一顶黑色礼帽。然而，我不但不是个嬉皮，甚至根本不喜欢嬉皮，当然也不想被视为一名嬉皮。

即使到现在我都还记得当时站在街头的那种茫然若失、浑身颤抖的模样。当时我觉得自己快要昏倒或呕吐了，但是因为我的意志力很强，又急于摆脱恐惧，所以还是把那首歌唱完了。我真正的动机其实是不想有任何害怕的感觉，于是我唱完我的歌，开始向人们讨钱。不久之后我又做了一次这件事，每做一次就感觉轻松一些。后来我发现自己竟然开始喜欢起这件事了，不过当时我并没有察觉，我只是以一个受限的自我取代了另一个受限的自我。同时我也没有察觉，这样的修行方法并不能转化恐惧的根源，我只不过是在对治恐惧的内容罢了。如果你想以解除恐惧的方式来对治它，那么恐惧的内容一定会没完没了地延续下去。

我当时并不了解这个道理,所以接下来的好几年里,我都在企图摆脱恐惧。我决定要找到一份能强迫我杜绝恐惧的日常工作,于是我放弃当老师和电脑程式设计师,转而当起一名木匠来。这真是向未知跃进了一大步。当时我的体重只有一百二十磅,而且根本不熟悉木匠的工作。我每天必须面对崭新的情况,借以拓展我本有的局限。几年下来,我几乎每天都要面对崭新而又危险的情境,事情就这么变得越来越容易了。

这样的生活方式虽然有它的价值,但仍然没有涉及恐惧的根源。我仍然是在对治恐惧的内容,而不是在对治恐惧的本质。虽然我变得强壮了一些,但仍然是以某个受限而恐惧的自我,取代了另一个只有在某种情况才能摆脱掉恐惧的自我。这样的修持方式是十分有限的,因为它不能驱除我们对自己所抱持的错误形象。

第三个阶段 利用呼吸修行法转化恐惧

在三十出头的时候,我开始进入了面对恐惧的第三个阶段,当时我已经是一名正式的禅宗门徒了。我大部分的时间都不再直接攻击恐惧,而改为比较间接的方式。我学会将注意力集中在呼吸之上,并且发展出加强下丹田的方法。当时我仍抱持着一种模糊的理想概念,就像许多习禅的学生一样,以为只要自己坐得够久、够努力,也许就能摆脱恐惧了。既然恐惧只是一个幻觉,又何必太在意它呢?我只须专注在呼吸、咒语或磕一万个头，恐惧就会因此而消失。这些修炼方法看起来十分诱人，而且在某方面也确实会造成明显的效果，不过仍然无法触及到恐惧的本质。

多年之后，在一次长达三十天的闭关中，我遭遇到某种情况而必须面对更多的恐惧。当时我采用的修行方法乃是直接将恐惧的能量吸入下丹田，我试着转化恐惧，让这股能量变成我下丹田的内力，结果我的下丹田确实变得特别有力。虽然这个方法帮我度过了困难重重的一个月闭关，可是我并没有真的在转化恐惧，我只是想把它排除掉罢了。这个方法跟其他的方法一样有限，因为它无法帮助我看透那奠基在恐惧之上的自我概念。

几个月之后我得了一场重病，大约有八个月的时间，我必须面对前所未见的恐惧。随着这场疾病的发展，我的恐惧开始倍增，因为此病极可能无药可医。我首先出现的是对身体不适感的恐惧，接着是害怕这份痛苦会与日俱增而不可收拾，然后又害怕自己会依赖别人或是孤立无援。在自怜和沮丧的底端还埋藏着一股害怕失控的恐惧。此外，我当然也怕自己会因此而丧命。我从一名健康活跃的人变成了一个丧失活力的人，这时，专注在呼吸之上或是将能量吸入下丹田已经不管用了，因为我连集中注意的气力都没有。我大部分的时间都在恐惧中翻搅，连最基本的清明度都丧失了，更何况是如法修行。

第四阶段 经验恐惧

在绝望之下我决定打电话给净香·贝克,几个月之前我曾经和她见过一面。听完了我的故事之后,她告诉我说:"艾兹拉,我知道这场病令你很不舒服,但是你必须认清这就是你的道途。"不知怎的,这句话突然把一切都翻转了过来。在我的一生中,这可能是我第一次真的愿意拥抱恐惧,愿意随它去,而没有把它排拒于外。转化恐惧的第四个阶段就这么开始了,我从此不再把它看成是敌人或障碍,而愿意将它包容进来。

后来我虽然逐渐康复起来,可是对生病的过程体悟得仍然不够清楚,于是我又开始回归到早先的禅修方式——借着专注于呼吸来达到内心的静定。然而这种静定的状态仍然不是如实存在,因为当我的身体状况好转之后,强烈的恐惧又开始生起。这时我已经固定地去求教净香,向她学习以截然不同的方式修行和转化恐惧。她要我以科学家的态度来观察恐惧,也就是要抱持着一份想要发现恐惧是什么的好奇心。任何时刻只要恐惧一生起,就要立刻问自己:"这是什么?"而答案永远都蕴含在当下身上所出现的觉受之中。

因为我们不愿经验从恐惧中生起的那股焦躁感,所以会有反弹。谁愿意跟恐惧和不适共处啊?我们总是想逃避它、克服它或击溃它。我们还会加上一大堆的负面思考,为自己的恐惧感到愤怒和羞愧。但何不将恐惧视为自我制约的一部分呢?经验到恐惧并不意味我们是坏人，因为恐惧只不过是一种制约反应罢了。既然这就是眼前所发生的事，我们何不借着问自己"这是什么？"来好好地看一看它。恐惧就像所有的情绪一样，也可以分成两个主要的部分：思维活动和肉体上的觉受。其实愿意与恐惧共处以及对它感到好奇，已经是很重要的进展了，因为你不再把它推开或是想要克服它了。培养与恐惧共处的意愿，可以帮助我们学会如实接纳我们的人生。

每当我们问自己"这是什么？"的时候，就会听见脑子里出现一种根植于恐惧的呐喊："我做不到这一点。""未来会发生什么事？""事情不该是这样的。""别再想了。"此外我们也会听到一些自责的声音："我永远是不够好的。""我是没希望的。"修行就是要把这些念头当成妄念来看待，即使它们显得如此真实而具体。接着就要开始经验肉体上的恐惧感，其中包括各种不舒服的觉受：胃部和胸部一带的扰动、窄化的觉察力、肩膀的紧迫感、嘴部的僵硬感，或是反胃及虚弱感。

只要愿意经验恐惧，我们就会发现，这份恐怖的感觉只不过是由一些强烈的肉体觉受及某些深植于内心的自我信念所组成的。这些觉受和念头并不是问题所在，最重要的是我们不想去经验它们。让我们感觉如此糟糕的原因，其实来自于我们对恐惧的逃避欲望，以及我们对它的负面性的执著。因为我们执意想逃避恐惧的感觉，故而封闭了内心。

我们只要愿意将恐惧包容进来，并且将它看成是如实存在的东西，而不是"我"，它就失去了力量。我们会发现，即使我们感到非常恐惧，身体却没有遭受到真正的危险，与其惊慌失措地对抗恐惧或排斥它，不如反过来拥抱它。我们就这样放下了对恐惧的惊怕。勇气并不是恐惧的反面；只有愿意经验恐惧，才能培养出勇气。这么一来，我们对恐惧的执著就松了，跟自己的真心也因此而重新连结起来。

与恐惧共处的学习过程并不是那么清楚分明的。对我而言，在强烈的恐惧生起的阶段里，我几乎时时刻刻都在挣扎。这一刻我只想逃跑或将它推开；下一刻我却想击溃它。有时我也臣服于它而几乎有能力拥抱它。最后我终于认清恐惧并不是实存的，它只不过是一些强烈的觉受和一些受制的无能为力的念头罢了。

我们一旦愿意将恐惧包容进来，就进入了转化它的第四个阶段。我们会发现恐惧虽然存在，却不感到害怕了。当恐惧生起时与其说"噢，不"，倒不如学会说"它又来了，不知道这回它是什么模样？"这么做到底会发生什么事？答案是恐惧的实质性和力量会因此而逐渐消散。

如果我们能甘愿与恐惧的经验共处，而不去压抑它、表达它、批判它或是在其中翻搅，我们的觉知范围就会因此而拓宽。在这个寂静的氛围之内，恐惧的念头和觉受仍然可以在我们心中自由流动。因此，觉察的修炼可以释放和转化被我们称为恐惧的僵固情绪和念头。一旦熟悉了恐惧，慈悲心就会自然生起，而让整个挣扎的过程放松下来。到了这个阶段，我们自然会有能力把爱灌入到修行里。

如果能体验到当下的恐惧而不生起任何批判或信念，我们就会发现它并不是那么难以忍受的。其实如果能真的安住在肉体的恐惧觉受之上，就有可能体会到一份深沉而具有扩展性的安详感，并且能感觉到恐惧转化之后的空寂与爱。坚实的恐惧感一旦有了孔隙，生命的原始自性就会透过来。

我们为这份开放性所付出的代价，当然就是要冒险面对那些能够被觉察到的危难。虽然我们并不是永远都甘心付出这个代价，不过进入第四个阶段的修炼时，与恐惧共处的意愿自然会增强。我们开始有能力面对各种层次的恐惧，譬如当我们听到医院的检验报告传出坏消息时所生起的巨大恐惧，或是接到一通不愉快的电话所生起的几乎无法被察觉的微小恐惧，或者是意外地失去一笔小钱时的中度恐惧，都可以拿来当作修持的对象。我们会越来越注意到自己原先是在趋乐避苦，并且能逐渐把每一个当下视为另一个修行的机会。

第五个阶段 认清恐惧的真相

第五个阶段转化恐惧的方法是——利用恐惧这个征兆来检查自己哪里卡住了，哪个地方是有所保留的，哪种状况是对生命开放的。举例而言，我们是否能看到在追求成就之中有多少成分的恐惧，我们是否在借着成就来逃避那份无价值的感觉。检查一下我们的关系，看看自己是否经常想躲避那份被拒绝的恐惧，或是害怕自己不被对方欣赏及喜爱？我们能不能利用这些情况让自己甘愿趋近恐惧，也就是对未知开放。如果真心想体会恐惧的滋味，绝不能同时希望它消失。甚至不能称之为"恐惧"——因为这个名称也只是介于我们和真实经验之间的一种概念上的滤网罢了。

在第五个转化恐惧的阶段里，我们也许会选择面对它，甚至可能会寻找它，但已经不再想克服它或摆脱掉它；我们一心只想认清恐惧的真相，看一看除了自己的护身茧之外还存在着些什么东西。我经常会献出一天的时间对恐惧说"Yes"，这意味着即使感觉到一丝丝的焦虑，也要试着趋近这份恐惧。然而其中并没有那种"我在受苦"的沉重感，而是怀着一份轻松的心情来面对它。恐惧是无人能幸免的人类制约之一，缺少了这份轻松的心情，我们如何能超越这层防身之茧？

转化恐惧并不意味从此不再生起恐惧的反应，而是不再相信这些反应就是我们了。修行乃是：不再相信那些似乎早已根深蒂固的反应就是我们自己。真正的我们比这些受制的恐惧要巨大得多。一旦能真的体验恐惧，就会看透这份错误的认同，甚至能瞥见更宽阔的存在感。

目前我的修行仍然在持续着，我当然还没有解脱恐惧，甚至不敢想象自己能从恐惧中完全解脱。然而最重要的是，我不再置身于长久以来操控我的恐惧隧道了。这条恐惧隧道长久以来一直显得那么真实，我以为自己永远也不可能从其中解脱了。算一算我花在对治它上的时间，显然我是个学习速度很慢的人，不过也是个不屈不挠的人。回顾过往，我发现自己并没走错方向，因为困惑和错误的修行，都是行者生涯中必要的部分。

现在每当恐惧生起时，我虽然仍有一丝想要排除它的欲望，但几乎已经能立刻察觉内心的真相。你问我还想不想要消解掉它？答案是，这种欲望已经很少了，因为那只不过是以另一种方式来逃避人生罢了。因此，我通常会将恐惧吸进胸中，心甘情愿地去感受它的质地和真相，然而又同时知道它并不是我。我的心跳虽然加速，我的胃虽然有点翻搅，但这一切也只不过是觉察到危机时的制约反应罢了，心里仍有一种轻松而开阔的感觉。一旦有了觉察力，坚实的恐惧就有了缝隙。那么剩下来的又是什么呢？答案是，只有生活的本身及越来越开阔的存在感。

第十章 如何转化痛苦

> 要想转化痛苦和苦难，必须持之以恒地透视自己的信念，并且以温柔的觉知来觉察我们一直想逃避的部分……我们将发现痛苦和苦难并不是赛程的终点……

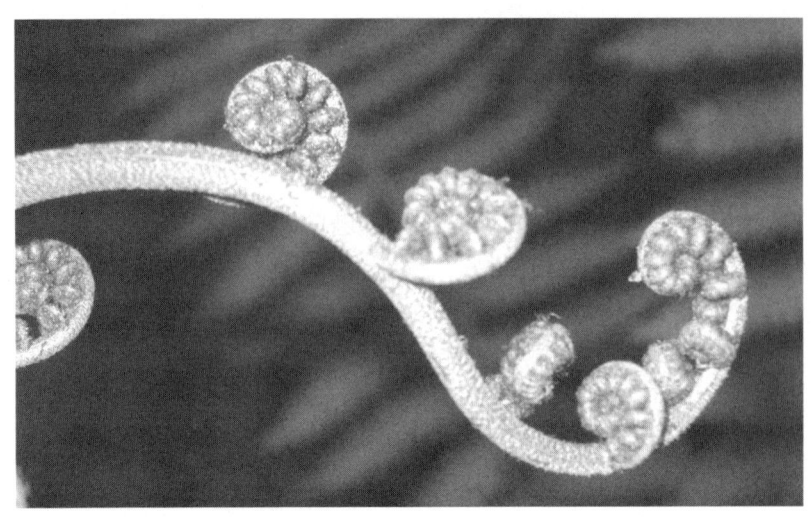

尚·多明尼克·鲍比是法国《ELLE》杂志的总编辑,他写过一本名叫《潜水钟与蝴蝶》的著作。1995年的某一天,四十三岁的他突然因中风而罹患了闭锁症候群,在这之前,他一向是充满着活力与创意的。虽然全身瘫痪,他的心智却能完全照常运作。躺在病床上数个月之后,他发现自己仍然能眨动左眼皮,于是他想出了一种沟通的方式,也就是利用眼皮眨动的次数来显示不同的字母。他透过这种方式逐字逐句写出了这本书,借以描述闭锁在体内长期卧病的想法及感受。这本书出版后的第二天他就与世长辞了。书中某章的标题是《我的幸运日》,作者描述那天提醒他进食的闹钟持续响了半个小时。那种哔哔哔的刺耳声钻进了他的脑门,令他紧张得汗流不止。汗水沾湿了黏在右眼上的胶带,但松掉的胶带还黏在睫毛上,使得眼球不断地被摩擦着。接着他的导尿管也松脱了,身体浸泡在尿液里。这时突然有一名护士走了进来，她竟然忘了他的存在，只是机械化地将电视打开便走了。他一个人眼睁睁看着荧光屏上播出的一句电视广告词："你是一个天生的幸运者吗？"

作者描述这件事的语气没有丝毫自怜，只是平铺直叙道出了他的想法和感觉。我们只要想象一下自己在相同的情境下会有什么反应，感恩之情便自然生起。

抗拒痛苦

一般而言，我们根本不想和痛苦有任何牵扯，大部分的生物都会有这种反应。这似乎是演化过程中的自然倾向。但人类似乎更有能力将自己的痛苦扭曲成一般所说的苦难。

假设伴侣离开了我，我的心中出现了一个苦涩的窟窿，里面充斥着恐惧和渴望。妄念不停地转动着："从此没人再等着我了。""人生为何如此艰辛？""一切又有什么意义？"这时本能的冲动一定是不想安住在那个充满抗拒和孤独的窟窿中，于是苦难便出现了。

然而苦涩是如何转变为苦难的？

那一刻到底发生了什么事？

假设某一天我醒来时感到浑身不舒服，这样的情况与日俱增，疼痛和不适感使我变得越来越衰弱，于是内心生起了渴望解脱的呐喊："我到底是怎么了？""这实在是太难忍受了。""我会有什么结果呢？"

这时心中自然会产生对身体的疼痛及不适的排拒感，接着苦难便出现了。

然而疼痛是如何转变为苦难的？

那一刻到底发生了什么事？

整个转变的过程就起始于逃避疼痛的那股自然反应。我们不喜欢这些痛苦乃是不争的事实。我们受苦是因为我们总认为人生应该没有痛苦，因而对痛苦产生了本能的厌恶。但是这种抗拒痛苦的信念，反而强化了我们一直想逃避的东西。当我们把痛苦看成敌人时，就是在固化它。所以，一有抗拒，苦难便出现了。

只要一经验到痛苦，我们几乎立刻会产生抗拒。在身体的不适感之上，我们会很快地加上一层负面评断——"这件事为什么会发生在我身上"，"我受不了了"等等。不论我们是否将这些心声说出来，我们对它们都是深信不疑的，于是就强化了它们的摧毁力量。我们不将这些心声视为一张移植过来的滤网，反而毫不质疑地当真了。这种对妄念的盲信，进一步固化了肉体上的疼痛感，而使它变成了更沉重的苦难。虽然在观念上我们都能接受佛陀所提出的苦谛，然而一旦真的感受到痛苦，却极不愿意和它产生牵扯。

疾病和苦难就是道途

当我们深陷痛苦时该如何修行呢？这时如果在口头上告诉自己要

跟痛苦合一或没有所谓的自我，既无助益，也无法带来慰藉。首先我们必须明白，痛苦和苦难就是我们的道途及导师。当然这份理解还不至于让我们爱上自己的痛苦和苦难，可是它确实能使我们不再把痛苦当成敌人。我们一有了这份理解，面对人生的态度就起了根本上的变化。我们会开始面对人生各种的痛苦和苦难。

1991年初，我得了一场严重又不断复发的免疫系统疾病。在病中，我的肌肉会反击自己。最主要的症状就是肌肉无力，像是患了重感冒似的——感觉上我的细胞似乎被污染了——最糟糕的是我不断地想呕吐。虽然并没有真的吐出来，但感觉十分不舒服。不消两周的时间，这些症状便开始转变成典型的心理疾病：愤怒、自怜、忧郁。我觉得非常的无助，同时还有一种绝望感——我怕从此以后会被排除于人生之外，但是我并不想抱怨。我感到孤立纯粹是因为不知道该如何表达自己的感受。此外心中还有一股罪咎感，认为自己无法完成应尽的责任。也有一股羞耻感是来自于一份错误的信念——认为自己有所不妥，才会罹患这场疾病。虽然我并不认为自己会死亡，可是对死亡的恐惧却凌驾于所有的感觉之上。此外我也害怕濒死时的痛苦，害怕完全失去掌控，甚至怕死在恐惧的感觉里。

一方面我必须对治那些非常明显的身体症状，另一方面又得对治一层又一层的黑暗思想。那些强烈而被信以为真的想法不但使我的病情恶化，它们本身也有一种痛苦的本质。就在这时，一位与我有二十五年交情的挚友因心脏病发而死亡。即使静坐了多年，我还是没准备好面对这些接踵而至的情况。我觉得自己缺少了一位心灵导师，就在这时我打电话给净香，并且接受了她慈悲而正中要害的点化。她使我领会到疾病和苦难就是我的道途。此外净香还提到史迪芬·勒文（Stephen Levine）的《生死之中的自我治疗》（Healing into Life and Death）这本书，她说这本书也许能为我带来一些助益。

打完那通电话，我对"将困境视为道途"这个观念的理解突然有了改变。以前我一直认为我的人生太艰辛了，所以无法修行。把这些困境视为我的道途，意味着我必须包容它们，停止抗拒。很幸运地，我接受了净香的建言，并且真的把它们放在心上。多年之后回想起这些事件，汤玛斯·莫顿的话语突然涌上心头："只有当你的心变得如顽石一般僵硬，甚至连祈祷都变得不可能时，你才能领会真爱以及向神求助是什么意思。"

盲目的信念只会助长苦难

和净香谈话之后，我开始阅读史迪芬·勒文的那本在疾病中修行的力作。每天我以五种不同的方式进行禅修，一直持续了两年之久。我逐渐学会辨认肉体的痛苦、对痛苦的抗拒，以及奠基于情绪之上的妄念。我开始能看到，那股肉体上的不适感就像是圆圈的中心点，周围环绕着一圈抗拒感，其外又环绕着一圈情绪和妄念。因为反胃的情况一直持续着，它反而提供了一个让我修行的实验室。一遍又一遍地将觉知拉回到反胃的感觉之上，我因此清楚地看到几个特别顽强的信念："我受不了了！""我到底会有什么结局？"以及"我真可怜"。我了了分明地看着这些念头，并重复标明它们。"我真可怜"也许听起来没什么了不得，但我还是不能过分强调这股无言情绪的力量。此外像"我受不了了"之类的情绪反应，也足以提醒我们已经陷入了信念系统中。

缺少了觉察，这些信念系统会很快地溜掉，让我们连质疑其真实性的机会都没有。但如果有了觉察，我们就会看到这些念头只不过是妄念罢了，甚至会发现它们根本不是真实的！这么一来，我们就不会再用那些盲目的信念来助长自己的苦难了。

一旦厘清了这些信念，就比较容易觉察到抗拒的本身。认清抗拒是一种身体上的感官经验，实为修行上的一大进步。不再将抗拒视为敌人，便能逐渐融入于抗拒的感觉之中。每当我们经验到紧缩、抗拒和执著时，都要试着去觉察它们。我们要以轻柔的觉知来软化这些能量，突破那痛苦的边界。

一开始要直接进入痛苦几乎是不可能的事。当时我完全无法直接面对自己的反胃与作呕，但逐渐趋近痛苦的边缘之后，就越来越能直接面对它了。当我不再相信自己的念头，也不再跟心中的抗拒对立，便只剩下那股想要反胃的感觉了。这股感觉已经不再是一种苦难，而只是肉体上的经验罢了！我很清楚地看到我们如何以奠基在恐惧之上的妄念——从痛苦中生起的一种反应——来紧抓住我们的苦难。这些念头又会被我们的抗拒倾向进一步地固化。

将慈爱吐纳给生病的身体

当时只要一有空,我就做深呼吸,将慈爱吐给我的身体和我的免疫系统。怀着这份情感和开阔的心胸,我发现自己竟然能直接进入那股作呕的感觉里。当我不再把反胃视为一种痛苦而只是强烈的能量时,我发现自己竟然生起了一丝默默的喜悦感。有时我甚至会生起深刻的感恩之心,那几乎是无法以平常的标准来加以估量的。但是痛苦的感觉如果太强烈,我们也许就很难对它开放了,不过在大部分的情况里,痛苦都不如我们想象的那么难以忍受。虽然令人不悦的感觉仍然存在,我们还是有可能如实去体验它们,不时地以轻柔的觉知来感受那份痛苦,甚至能中和掉那份感觉。当然,我们不可能持续地将痛苦从无意义的苦难转化成开阔的感觉,但至少可以试着看透那些紧抓不放的信念和抗拒,而逐渐能温柔地安于真相。但即使是看透信念和抗拒都是很困难的事,因为我们的局限实在太深了。这些未经探索的信念往往是埋藏得最深,一直在默默操控着我们的人生的。举例而言,我们之中有多少人在生重病时会想要跟疾病抗斗?即使我们知道该如何对治那份不适感,我们还是很容易陷入错误的信念里——譬如时下所流行的"疾病是我们自己创造出来的"、"只要能清明地修行就能打败疾病"。几乎所有的人都相信身体有病代表我们的修行有缺失。我们都有一种根深蒂固的观念,以为只要修行得够久、够努力,就能看透所有的问题。在这个观点的底端有一个深埋的信念,那就是,人生应该是(或可以是)没有痛苦的。然而佛陀的基本教诲却是:痛苦只是痛苦罢了。

暗自相信只要修行够努力、够深入,痛苦就能解除,这样的观念经常是奠基在恐惧之上的。我们最恐惧的可能就是失控时的那份无助感了。譬如像我这样的人,很可能会认同那些有成就的人,或能够借由知识来掌握人生的人,因为我们并不想去经验无助之中的恐惧。孰不知这份无助之中的恐惧往往会让我们经验到真正的慈悲。将疾病化约成某种盲信而无须再面对它,这种一笔勾销的方式比起真的去感觉疾病所激发的无助与失控,确实要容易得多。真正的关键就在臣服于那份无助感。只有放弃追问为什么(心智想借由"知道"来获得掌控),我们才能安于当下的真相。这个真相并不只是肉体上的不适感,还包括了与这份不适感相关的深层信念。我们是那么急于找到疾病或痛苦背后的意义,以至于经常忽略了近在眼前的不可思议的教诲。

从苦难中学习

"朽木也能开花"是一则古老的禅宗谚语。我们经常以为痊愈意味着疾病和痛苦从此不再出现,其实痊愈并不意味肉体从此就没病了——如同朽木还能恢复青春一般。治疗并不是只针对肉体上的病症,有许多人被治愈了，但肉体仍然会生病死亡。也有许多肉体重获健康的人并没有真的痊愈。治疗指的是净化道途使自己能通往豁达的心性——一颗与众生一体的心。一旦能体悟到这份开放性，那么不论肉体发生了什么事，照样能开出鲜花来。在《潜水钟与蝴蝶》这本书中，作者虽然完全瘫痪，而且遭遇到无止境的痛苦，但其心仍然如彩蝶一般自由飞舞。治愈或整合意味着不再认同这副肉身或是"我的苦难"。我们认同的是一个更宽大的存在感。

其实这颗心一直是开放的，道途上的那些障碍就是多年来的制约——各种的自我保护、伪装、深埋的信念、自认为应该怎么样的那份理想、恐惧、困惑以及对真实人生的抗拒。大部分的时候我们都不想有痛苦和苦难。大部分的时候我们都想得到别人的照顾。我们都希望别人能替我们安排好所有的事，或是希望人生的境遇能变得更理想，或者遇到更伟大的经验。然而除非我们愿意从苦难中学习，否则那条通往开放心胸的道路仍然会受到阻碍。除非我们不再逃避痛苦，否则苦难仍旧会持续下去。也许最大的痛苦就是对痛苦的抗拒了。

人生的苦境是我们最好的导师

有时我们根本无处可逃。当你遭遇到最困难的情境时，你会很清楚自己再也逃不了了。但谁能告诉我们事情必须糟到何种地步才能放下抗拒的反应？谁又能告诉我们要花多久的时间才学得会心甘情愿地顺受？到什么时刻我们才明白人生的苦境就是我们最好的导师？回顾那段最失落的日子，我可以很清楚地看到那场病和随之而来的所有包袱——我所有的苦难——全都是翻转我人生的触媒。

当时我一点也不想要我的反胃感或是我的疾病；我也不想要自己的失落感。我一心只想让它们消失，所以我的苦难便生起了。明白了疾病便是道途，我才越来越清楚治疗并不是针对肉体的康复，或是要让痛苦完全消失。它真正的意义就在心甘情愿地让一切现象如实存在。它也意味着去觉察那些会阻碍开放心性的情绪或信念。不过我当然还是希望身体能恢复健康，所以我会继续做一些对健康有益的事，譬如寻求正统医疗的照顾，或是享受吃巧克力和看电影的乐趣。然而我真正的发现却是，自己已经不再否定痛苦、苦难和困境的价值了。

最严重的病症被克服之后，我开始能正常运作，这时我才意识到自己有多么容易落回到旧日的习性里。其实我大可利用这免疫系统疾病减轻的机会来粉饰太平，幸运的是，我已经知道这么做只会让我继续在薄冰上滑行。于是我开始在一周中选定一天作为生病之日。那一天不论我觉得多么舒服，都要把它当作生病的日子来过。也许我不会像往常真的生病时那样成天躺在沙发上，但是我会刻意放慢自己的行为举止。这么做使我更能欣赏觉知的深度：观察思维的活动而不陷入其中，毫不抗拒地感觉生命的质地，认清自己不需要过度忙碌，不再执著于慰藉，透视恐惧的根源，享受日常琐事之中的宁静及喜悦。我非常重视这一日禅修的练习，因为它能帮助我调整事物的优先顺序。

九年来，这样的修持我一直没间断过。

同时我也成了一名临终关怀的义工。我的工作是陪伴那些患有绝症的人，或是尽可能地帮助他们。这项修持对我而言十分有价值，因为那些情境所带来的强烈感受能帮助我停留在边缘地带。看到别人在受苦，看到别人在死亡的苦难中挣扎，自己那些尚未治愈的痛苦也会浮现出来。然而我已经明白痛苦只是一种如实存在的现象，只要一抗拒它或相信了那些从痛苦中生起的妄念，我们就把自己的痛苦转成了"我的苦难"。每一次的临终关怀工作都会提醒我，真正的治疗最需要的就是认清我们的痛苦，尽可能去经验它的质地，并允许它穿透我们的心，让心胸变得开放豁达。这样的治疗不可能只凭着努力或是和自己对抗而达到。你必须明白你其实是所向无敌的，然后才能以轻柔的方式治愈自己。这份理解越是深化，越是愿意随顺生命，我们就会在过程中发现生命最重要的元素：慈爱。

虽然过去的几年里我还算健康，但偶尔旧疾还是会复发，往往长达几个小时或几天。每当我退化成婴儿状态卧病在床时，我就会以近乎显微镜似的微观来觉察自己如何从疼痛转成苦难。抗拒的妄念充斥着我的头脑，随之而来的则是恐惧和自怜的噪音。我只要如实倾听这些噪音，它们就会失去力量。我的觉知直接深入胸中——将气吸入胸中，吐气时则将慈爱释放给自己。虽然我相信觉知是让身体恢复平衡的有利工具，但谁知道这些过程是如何运作的？只有一件事我可以确定，那就是只要我们抗拒痛苦，只要我们将困境视为障碍，我们就会继续和自己对立而永远得不到真正的疗愈。我们将永远被锁在自己的潜水钟里。

要想转化痛苦和苦难，必须持之以恒地透视自己的信念，并且以温柔的觉知来觉察我们一直想逃避的部分。如果能以这种方式修炼，我们就会发现苦难根本是多余的。这份洞察力会带给我们继续转化苦难的勇气，即使是那些看似永无止境的痛苦时刻，我们也会有勇气面对。从其中将生起一份对自己以及对全人类的慈悲之心。我们将发现痛苦和苦难并不是赛程的终点；原来它们才是最有效的觉醒工具。

第十一章 如何转化烦恼

> 将困境视为道途,让它们来觉醒我们心中的解脱渴望,意味着我们愿意包容它们,不论个中的滋味是什么。简而言之,人生最重要的事就是学习开放和觉醒。

觉得人生失去了和谐，工作忙得不可开交，有这样的感觉并不是什么新鲜事。早在两千六百年前佛陀就提出来，我们永远都得面对痛苦和苦难。我们永远都会有八十三种烦恼——财务上的安定需求、关系中的困难、对健康状况的担忧、对成就以及被接纳与否的焦虑等等。也许现代人有这么多困扰的原因就出在第八十四种烦恼——我们根本不想有任何烦恼。

以清晰简洁的话语提醒自己回来面对真相

许多人在练习静坐时心中往往怀着一份期待，希望静坐能帮他们释放压力而得到内心的祥和。静坐在这一点上显然是有些功效的，即使是最肤浅的静坐方法也能带来安详感。不过，还有一些更需要悟性的禅修形式则会帮助我们超越表面的安详，进入更完整的觉察。在这个更大的觉知空间里，我们才终于能以平等心来对待生活中的起起伏伏。

然而每当我们深陷情绪烦扰时，能想到要修行就已经不错了。一旦陷入妄念的漩涡和猛烈的情绪里，如何能真的修行呢？但总不能逃避困难的情境而跑去打坐吧？！每当我们把情绪反应当成遮盖创伤的绷带时，即使静坐随息也不可能得到安宁。

当清明的觉知被狂乱的情绪搅动时，不妨以清晰而简洁的话语提醒自己回来面对真相。这时我们必须学会以确切而有效的方式修心。虽然修行无法化约成一种方程式或是一些简单的技巧，但仍然有某些指导方针可以帮助我们面对难以处理的情绪，尤其是那些从深层的恐惧和痛苦中生起的反应。下面所列举出的四句警语可以帮助我们在迷失时找到方向。

第一句警语是觉醒心中的解脱渴望。从表面上来看，觉醒解脱的渴望意味着我们还得修行这件事。只要我们还记得修行，便自然会将自己的烦恼视为道途。与其把自己的烦恼当成敌人，或是以妄念来固化它而形成"我的"沉重剧情，不如将烦恼视为一种开放心胸的机会。

当我们发现自己一团混乱时，可能会认为："人生不该是这样的。"眼前的焦虑和心中设定的理想画面不太符合，这时我们就会感觉不对劲。然而事情并没什么不对劲，问题出在我们总是以我想怎么样的狭隘观点来处理人生。这样的观点其实是奠基于恐惧之上的。我们真正想要的是一份美好的感觉，情绪烦扰当然不是一种美好的感觉，因此我们本能地想逃避它。这种不舒服的感觉往往会助长恐惧，而恐惧又会助长不舒服的感觉，难怪我们总是把情绪烦扰视为除之而后快的敌人。

我们必须将这种颠倒的观点扶正，才能明白何谓把困境当成道途。我第一次体证到这个教诲时——不只是在头脑中产生理解而已——感觉自己和人生的关系终于有了一百八十度的转变。生命的主题不再是感觉好不好或是喜不喜欢眼前发生的事，而是能否觉醒或能否学会不再逃避恐惧。这并不意味我必须喜欢眼前发生的每一件事。这句话真正的意思是，愿意敞开心胸面对人生的困境并不代表你必须喜欢它们。将困境视为道途，让它们来觉醒我们心中的解脱渴望，意味着我们愿意包容它们，不论个中的滋味是什么。简而言之，人生最重要的事就是学习开放和觉醒。

第二句警语则是觉醒心中的好奇心，其方法就是要问自己："这是什么？"这里所指的好奇心并不是一种无聊的表现，也不是分析式的探索，而是透过体证来认清当下的真相。只要我们还在抱怨、认为自己很可怜或企图逃避，或者把"这是不公平的"以及"我办不到"之类的念头当真了，我们就无法借由体证来认清当下的真相。妄念时常令我们陷入进退两难的状态；它会令事情变得僵固、阴暗、无解。一旦能觉醒心中的好奇心，我们就能一再地回到当下的肉体觉受。回到肉体上的真实经验，你会发现这些觉受是不断在变动的、光明的，而且是有解的。

几年前我被检查出有前列腺癌的迹象。当时我并没有选择做切片检查，反而以静坐、针灸和草药治疗了六个月。然后我又做了一次检查，看看是否还有残余的癌细胞。我知道如果切除了前列腺，从此以后很可能会小便失禁和阳萎，因此怀着忐忑不安的心情等待检验的结果。当时我不断地问自己："这是什么？"然后练习安住在肉体的觉受里。那股由恐惧和自怜所组成的情绪能量非常强大，想要逃离的欲望也很强烈，但是我仍然不断地回归到当下肉体上的真相，后来这份努力终于拦腰斩断了恐惧的坚实性。"这是什么"像一道镭射光一般使我能专注在恐惧的经验之上。如此修炼了两天之后，我发现自己所恐惧的事一样也没发生，而且从未发生过！除了由我的念头所造成的痛苦之外，真正的痛苦并不存在。这份了悟十分有效地穿透了我的恐惧泡影。不过，这份洞见并不是来自于思想，它是从安住于当下的真相中所产生的。因为心里有一份对真相的好奇，所以产生了洞见。

第三句转化烦恼的警语就是觉醒心中的幽默感，或者可以说是一种比较大的视野。任何时刻如果我们执著于某个由妄念所造成的问题，不妨想一想马克·吐温的一句名言："我是一个很老的人，我有一堆的问题，不过这些问题从未发生过。"

有一个拓展视野的方法是，把眼前的困难看成是内心的局限正在耗尽自己。一旦记住这一点，就可以对自己说："它又来了，不知道这次会是什么模样？"但这并不是一种逃避问题的把戏，而是要获得足够的洞识以便深入困境之中，不被困境淹没。另外我们也可以问问自己："这个困扰以前有没有出现过？"它当然出现过，而且是再三重复的。我们能不能如实看着它，将其视为我们的局限之一。以这样的方式来看待困境，往往会让我们突破对它的认同；然后它就会提供一个内在的空间或更大的包容性；它会拓宽紧随着烦恼而来的窄化视野。

我的潘多拉盒子被打开之后，就不得不向净香求教了。我告诉她内心发生的一切状况，譬如必须接受内心诸多的恐惧，令我感到十分阴郁及窘迫。她微笑地看着我，然后说道："这件事十分有趣，让我们来仔细看一看。"她给我一种感觉，好像我们谈的不是我，而是一个东西。她的话语中有一片很大的视野，但又不意味恐惧只是一个幻觉，我们可以置之不理。她让我明白这些只不过是我的局限罢了。这样的态度使我能够以较轻松的心情看着我的恐惧，并因此而看到一件幽默的事实。以前父亲一直不断提醒我一句格言：除了恐惧之外没有什么是值得恐惧的。后来这句话竟然说服了我，使我对恐惧生起了强大的畏惧之情——和他最初的美意刚好背道而驰。培养幽默感以及更大的视野，终于让我爬出了那条恐惧隧道。

从此我发展出一种练习，时常一练便是一整天。每次当我发现自己陷入情绪反应或自我批判时，我会立刻回来觉知我吸入的气息，然后告诉自己说："这些反应都不是我。"这么做让我认清那些反应或批判只不过是一些局限罢了。然后我会利用吐出的气息来软化苦难的棱角。

此法并不是一种积极思考,也不是粉饰太平,而是要了了分明地看着自己的念头。要做到这一点,我们必须安住在肉体的觉受之中,如此便能减轻自我中心的观点和近视的倾向。这些都是在自我认识的过程中会出现的问题。在修行的历程里,此法能提醒我们看到更大的视野,也能帮助我们培养慈悲心。

因为深信自己应该与众不同,所以才造就了粗重的烦恼。尤其是修行多年之后,我们往往会认为自己不该有这么多的情绪反应,应该能超越一些局限了。实际上,修行并不是这样运作的。修行的实况如下:起先我们手里牵着一只顽强的大狗,它想到哪里,我们就被它拉到哪里。多年之后我们仍然能感觉眼前这只狗的力量,而且还会听到它吵着要朝某个方向走。这时我们的局限仍旧在。但是再仔细瞧一瞧这只狗,我们会发现它只不过是一只吉娃娃罢了。对治这只吉娃娃的方式就是任由它吠叫,然后轻轻地拉一拉链子就够了。

第四句警语乃是觉醒心中的慈爱,也就是以心中无批判的觉察照亮那些我们不想要的面向。这句警语不能过度强调,因为我们很自然会想确定自己最负面的问题是什么。对这些问题我们很难生起慈悲心或友爱,不过一旦能以慈爱之心软化我们的自我批判,那股沉重的悲剧感就会减轻许多。

举例而言,每当困惑生起时,与其谴责自己,不如去认清及体验当时所发生的事,并学会将慈爱的觉知拓展到这个充满困惑的被称为"我"的生命身上。当疾病出现时,与其把自己看成一名失败者,或是去分析自己为什么会生病，不如将心中的慈爱觉知拓展到这副肉身之上。其结果是自己的心会变得越来越柔软，越来越开阔。持续而规律地练习觉醒心中的慈爱，它就会逐渐成为我们生命的一部分，一种面对人生的自然反应。

有时当情绪烦扰特别强烈时，那些曾经学过的对治烦恼的方法都不管用了。密不透风的强烈情绪让我们觉得迷失，甚至快要被淹没了。在这些最黑暗的时刻里，修行就是要将觉察拉回到我们心中，借由吸气直接将那些痛苦的情绪吸到胸中。那种感觉就像是把旋风般的肉体觉受吸到心里，然后单纯地将它们呼出来。然而我们并不是在企图改变什么，只是让自己的心变成一个更宽大的觉察容器，然后在这个容器里去经验烦恼。

我们一旦迷失在这些最黑暗的情绪里，往往会以最严苛的方式批判自己。我们会固化自己的负面信念，认为自己是没价值的、软弱的以及无望的。我们似乎永远也无法跳脱出自己的羞耻感了。但如果能将这些痛苦的感觉直接吸入心中，便能拦腰斩断这些深埋的核心信念。将它们吸入胸中是一种慈悲的举动；以这种方式来打破我们负面的自我批判，就能帮助我们拥抱生而为人的普世性痛苦。

这项修持会将我们带到悬崖的边缘，让我们面对这个边陲地带。把气吸入胸中，把那股气直接引入心窝一带，即使感觉自己快要被那份痛苦消灭了，也仍然要向它开放。这样我们就会明白它并不能消灭真的我们。接着我们可能会经验到心中的空性而软化对自己的无情批判，甚至连最阴郁的情绪也会变得轻松起来。于是我们开始体悟到觉察是具有疗效的；为了得到这份疗效，我们必须再深深地吸一口气。

以下是四句对治情绪烦扰的基本警语：

（一）觉醒心中的解脱渴望：将我们的情绪烦扰视为觉醒之道。

（二）觉醒心中的好奇心：借由问自己"这是什么"来体证当下所出现的肉体上的觉受。

（三）觉醒心中的幽默感：从一个更大的视野来看自己的困境，只是单纯地将其视为我们局限里的一些东西。

（四）觉醒心中的慈爱：让心中的空间治愈我们最深的羞耻感和最阴暗的心态。

打开心门与真相共处

在运用这四句警语时，我们必须回来问自己一些最基本的问题："眼前的这些念头到底是什么？""此刻我心中的画面是什么，我的需求又是什么？""我认为目前的情况应该变成什么样？"我们必须一遍又一遍标明自己的念头，以便了了分明地看到那些我们赖以维生的理想和期待。我们一边揭露自己最深的信念，一边要不断回到当下的肉体觉受里。

心甘情愿地安住在我们的情绪烦扰中，不再抗拒眼前的真相，乃是产生真正转化的关键。这意味着我们已经学会去迎接困境。然而迎接困境到底是什么意思？这句话并不是要我们刻意去寻找自己最深的恐惧、羞耻感或渴望。它指的是，当我们和这些烦恼相遇时，我们应该打开心胸面对它们所带来的试炼。如果想敞开胸怀，就必须转化道途上的障碍。我们都知道面对心中最深的恐惧是非常痛苦的事，但是到了某个阶段，不去面对它们反而是更痛苦的事。这个时刻通常是修行生活的转折点。

在《说什么都好》(*Say Anything*) 这部电影里，一名高中生想跟班上最漂亮最聪慧的女孩约会。他的朋友不断地告诫他说，像他这样的傻蛋，一定会受到那个女孩的伤害。然而他却张开双臂大声叫道："我想要被伤害！"他知道自己必须冒一点险，才能真的打开心门。

当我们深陷在自己的剧情中时，不妨有意识地记起，这种情况只会阻碍我们活出真实的人生。因为感受到恐惧、羞耻和苦难所带来的制约，于是我们将它吸入我们的胸中，如此便能穿透替代式的人生所造成的障碍。一旦开始超越那个所谓的自我——我们所有情绪烦扰的宝座——便进入了更宽广的觉知里。我们会发现我们的情绪烦扰不论多么严重，都只不过是一些妄念、记忆和觉受罢了。我们真正的身份比起这副肉身或这出个人的戏码显然要大得多。

一次、两次甚至是十几次看到这幅更大的画面，都不意味从此我们就没有情绪反应了。但如果能把这幅画面记在心里，确实能帮助我们不再那么快、那么强烈或是那么长时间地迷失于情绪烦扰中。我们会开始明白甚至相信自己的烦恼都是有解的。最后我们会认清，情绪状态不论多么混乱或痛苦，它的底端也只不过是一些执著的妄念，夹杂着一些强烈而不适的肉体觉受罢了。这项修持只要求我们做到一件事，那就是心甘情愿地与真相共处。一旦允许自己面对那些我们想逃避的东西——不舒服的感觉——我们的戏码就变成了解脱之道。

第十二章 工作与修行

> 如果处在一个令人不舒服的工作情境里,我们保守的反应通常是认为有某些事不太对劲,而必须寻找出路。但是在修行生活里,我们并不是以快乐或舒服与否来衡量一件事的价值……从修行的角度来看,坏事最后往往变成了好事。

二十五岁左右我所从事的是一般白领阶层的工作,起先当老师,后来又当起了电脑程序设计师。但是我并不快乐。我厌恶自己的工作,而且花了一年多的时间苦思自己真正的志业是什么。当时我正开始在修行,有位同修建议我,每当我对工作的焦虑生起时,心里应该避免去思考这件事,而只是试着去感觉眼前身体上所出现的实况。当时我完全不了解他建议的方法是什么意思,可是基于一份急迫感,我还是试着去做了。如此修行了几个月之后,虽然并没有洞悉到自己该从事什么工作,不过却发现,一旦放下妄念而集中注意力在当下的实况之上,确实能真切地感受到那份觉察的本质。某一天,几乎是突如其来的,我发现自己今生的任务就是要成为一名木匠。虽然我完全没有做木工的经验,可是我心里却很清楚,学习做木工一定会让我意识到许多令我退缩的恐惧和自我信念。

我到底能为世界带来什么贡献

在决定工作的方向时，必须放下无止境的对利害得失的衡量，因为答案只有在真的理解自己是谁、自己的人生该怎么过时，才会翩然而降。如果不放下头脑的执著，也不去意识肉体上所出现的不知该如何是好的烦躁感，那么这层理解将永远被障蔽住。觉知之光一旦能穿透层层的紧张和不安，我们就会对人生的目的产生一份清晰的认识。但如果一心只想在头脑中获得解答，这样的洞见就不会出现。

透过思维活动来做出决定，其实是一种想找到立足点的人性倾向。促使我们去思考这个问题的驱力，则是一份对安全感的执著。我们以为凭着一些思考的过程，就可以不去经验伴随着无常而来的无所依恃感。孰不知，深入于这份感觉之中，才是解决这个问题的关键。只要愿意经验肉体上的这份无依无恃感，我们的心就会逐渐变得清明起来，因为这么做会让我们看透自己恐惧的根源。不过要做到这一点，我们必须心甘情愿地放弃主观思考的耽溺倾向。不过，我并不是在建议大家从此以后就不用思考了，因为我们永远都必须考量一些实际的问题——金钱、教育等等——然而这些逻辑性的事实，不该是我们思考人生志业时的主要焦点。

也许有一个问题我们问得还不够：我到底能为世界带来什么贡献？我们通常只会专注地分析自己能从工作或事业中获得什么，因此很少会考虑自己在贡献社会时所能得到的那份满足感。我们不妨将

"我到底能为世界带来什么贡献"视为一则公案，然后将脑子里的分析思考放下，以便进入未知中。提出这个公案之后，就把焦点集中于当下的完型经验之上。这么做并不能立刻带来任何解答，或许也不是什么愉悦的经验，因为它会让我们再度面对那份无依无恃的感觉。虽然如此，安住于当下的经验仍然是真实又令人叹为观止的，而且能让我们远离那流转不停的心智活动。另一个时常在工作中不断面临的困境，就是感觉自己进退维谷、焦虑或不快乐。我们要的也许并不是另一份职业，却不断地质疑自己是不是该换工作了。在修行的体悟之中，这是一个很有趣的问题。如果处在一个令人不舒服的工作情境里，我们保守的反应通常是认为有某些事不太对劲，而必须寻找出路。但是在修行生活里，我们并不是以快乐或舒服与否来衡量一件事的价值。我们必须发现烦恼的价值，并且要学会让烦恼来转化我们。借由修行我们才终于明白，感觉上不舒服的事不必然是自己所不想要的事。某个感觉上很糟的情境并不一定是坏事。从修行的角度来看，坏事最后往往变成了好事。

每一份工作都是一次修行的机会

如果你对自己的工作生起了强烈的反应，那么这其中一定有某些值得学习的东西。问题并不在工作的本身，因为假设有两个人正在做相同的工作，其中有一个人可能觉得很满意，另一个人却只感觉到苦恼。我们的情绪反应主要奠基在我们为这份工作带来了什么问题,而不是这份工作的本身有什么问题。我们的反应永远都和我们带来的包袱有关——各种的期望、需求和计划。

但这并不意味我们该为了修行的理由而留在某份工作里。不过我们至少要考虑一下我们在这份工作中到底能学会什么,然后才决定是否该离职。只要你还有强烈的情绪反应,留在那份工作里经常是有助益的,因为你大可趁这个机会看透自己的信念系统和恐惧。只有一件事是可以确定的:即使进入另一份工作,相同的恐惧和信念还是会伴随着你。但如果停留在某份工作中是不切实际的,那么你不妨设定一段时间,并发愿在这段时间里尽力学习。

即使我们喜欢自己的工作,或是并不打算离开目前的工作,我们还是可以在大部分的上班日里进行觉察的练习。最重要的是,我们必须改变自己和工作的关系,不再将工作与修行一分为二,而是将工作视为道途。我们时常会忘掉自己真正的工作是什么,我们真正的工作就是去发现自己是谁。如果能记得这一点,就不会那么轻易地将工作和修行一分为二了。我们会开始认清,自己遇到的每一件事都可能是修行的机会,即使是在工作的职场中。要达到这种转化,长期以来的受制观点和习性必须转变;但是我们只能一步一步地转化自己和工作之间的关系。这时正念的修持就变得特别有帮助了,也就是要留意当下这一刻的质地。

正念即是修行中的蓝领阶层工作。其中没有任何浪漫、神秘或令人兴奋之处，因为要对治的都是一些日常生活里最琐碎的基本问题。一旦不再追求细微需求的满足，就会开始明白每一件事都可以变成修行的机会。我们会发现拿起电话筒、关上门、留意周遭的声音，甚至上厕所时，都可以提醒自己在当下保持觉醒。这样我们的工作就变成了觉醒的契机。

观察职场里不断出现的情绪戏码

在工作中修持的关键之一，就在观察职场里不断出现的情绪戏码。不论我们发展出的核心信念是什么，不论我们行为上的对策是什么，它们一定会在工作中制造出混乱，如同它们在关系里制造混乱一样。比较不个人化的工作环境，通常可以帮助我们反省自己在生活中的每一个层面不断重复的模式。

早在十一岁的时候，我就开始在每个夏季里为父亲工作，持续了十年一直没间断过。我的兄弟姐妹和我一起在他的礼品店里帮忙售货，这间礼品店坐落于亚特兰大城的海滨大道上。虽然我们都是非常能干的售货人员，父亲还是会为了生意下滑而大发雷霆。很不幸的是，他的怒火通常都会针对某一个小孩而发，那个小孩通常都是我。父亲发起脾气来十分的生猛有力。他会怒斥我努力得不够，或是责备我不知感恩，老是在敷衍了事。每当他大吼大叫时，店里的人都被吓得不知如何是好，然后他会踏着重重的步伐走出店外。

那些神经紧绷的顾客，尤其是我服务的那些人，这时往往会开始疯狂采购。回想起那种情境，感觉上似乎有点可笑，不过当时的我可是一点也笑不出来。

我觉得自己被不合理地挑毛病，自然十分光火。可我就是那种典型的乖男孩，所以我总是会更加努力。我开始将我所销售的东西列出一张清单，并且在一天的工作结束时，将所有的钱数加起来，然后拿去给父亲看，向他证明我已经达到他的标准了。许多年下来，在各种不同的事情上，我都继续采取列清单的对策，来证实我是有价值的。我觉得如果自己能明显地展现出成就、生产力和价值，就可以避开那份怕自己没价值的恐惧了。

当然，如同所有的对策一样，这个对策也从未生效过。或许它能让我达到某些外在的成就，并驱使我凌驾于他人之上，但是它从未让我意识到自己最核心的恐惧——我是不够格的。那份核心的恐惧以及每天都会从其中生起的焦虑感，只能暂时搁置一旁。我们只要一天不认清自己是通过想象出来的画面在采取行动，只要一天不敞开心胸去经验这些画面底端的层层防卫机制和恐惧，我们就无法产生有意义的转化。后来我终于看到这股心理动力的真相，然后才有能力以截然不同的方式来面对自己那些根深蒂固的模式。从此以后我就不再企图符合自己所设定的标准，也不再按照自己所列出的清单来行事，而开始真的去觉察恐惧的本身。

我们真正的工作就是去发现自己是谁

我们每一个人都必须看到自己列清单的版本。你是不是还在把自己当成一名孩子来看待，总想取悦某个被你盲目视为权威的人物，并且想从他那里得到赞许？或者你的模式是不断地忙，忙，忙，总想在同一个时段里转动过多的盘子。你能不能看到忙碌的上瘾本质，看到你如何利用它建立起自己的价值观，让自己不去面对那份什么都不是的恐惧？我们也许会认为自己必须尽力让盘子继续转动，然而只消一场慢性病就会使我们看到这个想法是不真实的。我们并不是这个世界不可或缺的一分子，那些我们自认为必须做的事都可以委派给别人，或是暂时不做也无妨，甚至从计划中撤销都行。问题不在于我们必须做多少事，而是我们时常会利用工作来固化和支撑自己的自我感。活出实修的生活，意味着从任何一种受制的自我感中解脱，尤其是那些奠基在恐惧之上的自我感。

也许你的习性比较倾向于担忧，譬如为工作的表现、工作的安全感或是经济上的保障而担忧。不论担忧的内容是什么，真正的关键在于我们只是对担忧的本身上瘾罢了；更精确一点地说，就是对维持住自我感上瘾。不论你的问题是什么，修行的方法都是相同的。首先，我们必须清楚地看到自己的习性模式到底是什么。第二，我们必须认清自己编织出来的画面和信念是什么。第三，我们必须亲自体验恐惧以及从恐惧中所生起的信念和行为。如果能以这种方式来善用我们工作的环境——善用情绪的变化来帮助我们去除对自我的认同——我们就不会再陷入职场的混乱中，而能利用这些混乱作为转化自己的工具。

在倦勤中修行

接着要面对的议题就是倦勤。倦勤不但意味着我们已经失去了工作的动机，同时也代表自己不再从工作中找到满足感，而已经生起了负面的犬儒心态。在修行生活里转化倦勤的第一步，就是要加倍地觉知自己为这份工作带来了什么问题。换句话说，与其去注意工作的情况有什么缺点，或是同事有什么缺点，不如回来看看自己。举例而言，我们可能会深信不疑："我即使受了这么久的训练，还是做不好这类的工作"，或是"我只是在虚应故事"。也许这些想法可能是真的，然而，只要生起任何一种对眼前情境的强烈反应——譬如挫败感、愤怒、犬儒心态——都清楚地显示出我们必须放下归咎，仔细思考一下自己到底为这份工作带来了什么问题。我们的期待与需求到底是什么？我们在何时开始对成就产生了执著？何时开始认为自己已经能掌控结果，让事情顺利，并且有能力改变他人？把自己看成是唯一能把事情做好的人，或是对事情的成果开始产生执著，都必定会导致倦勤所带来的挫折感和失望，因为我们根本无法决定事情的结果是什么。

这样的态度会让我们错失问题的关键：我们对成果的执著几乎都根植于必须支撑某种形象，或是不想去经验失败之中的恐惧，以及自己什么都不是的那份恐惧。我们迟早得面对虚假的安全感遭受挑战或消失时的无依无恃感。我们迟早得深入到以下这些信念和恐惧的底层——我们是不够好的，我们永远也达不到理想的标准。

在倦勤中修行，意味着我们必须认清自己的动机、期待或计划——所有会掌控我们人生的基本信念系统。我们必须意识到那些会产生制约的意象和自我感，我们也必须学习面对及经验那些一直在掌控我们的恐惧。但是面对这些恐惧并不是一项黑暗阴郁的任务。在更宽广的觉知空间里，我们将以越来越轻松开阔的心情来经验这些恐惧。就像那些层出不穷的苦难一样，倦勤与否也是可以任由你选择的。从修行的角度来看，倦勤往往是一块最丰饶的沃土。

我并不是在暗示我们在职场遇到的困境都是自找的。某些困难确实需要被提出来，不过我们对这些困难所生起的情绪反应毕竟是自己的问题。进一步来看，如果我们卡在自己的情绪反应里，就无法清明地应对工作中的真实挑战了。只要执意于达到某种特殊的结果，或是想以某种方式来获得声誉，那份执著就会让我们无法全心全意去完成自己的工作。这种态度也会阻止我们因尽心工作而得到满足。我们越是能在工作中修行，并透视自己对事情该如何进行的那份需求，就越能以最真实的方式生活，而得以从考虑不周的冲动及恐惧里解脱。

第三部　生活在禅中

第十三章 刚与柔

　　刚与柔的交互运作就是修行的精髓。不去领会刚柔交织的意义,很可能会在修行的过程里自我设限而无法真的圆满或满足。因为那会将我们的自然能量窄化成一道受限的能流。

有则故事描述的是某位禅门和尚断臂以示求道的决心,另外一个意象则是佛陀那莫测高深的微笑,这两幅画面细腻地显示出修行生活里两种相互影响的面向。一方面我们要精进地修持,方面却要学会放下。我们经常会被这两种态度弄混乱。就是因为我们的思想总是非黑即白,所以会认为修行必须是这样或那样才行。我们要不是看重纪律而奋力修持,便是发现自己必须放下执著而不再想达到某种特殊的境界。最后我们终于调柔了心性而能够任由事情自然生灭。

举例而言,静坐的精要就是安住于当下,全神贯注于眼前的这一刻。但真正的状况却是妄念不停地涌出——计划、幻想、自我交谈和担忧等等。为了不执著于生生灭灭的妄念,我们必须学会一次又一次地将觉知拉回到当下,并且要觉察每一个当下呼吸的情况、身体的觉受以及周遭的环境。此外,我们也要学会如何清楚而精确地标明自己的念头，这样我们才能了了分明地认清自己正在想些什么，同时又能突破对这些妄念的认同。如果能越来越清楚地看到妄念只是妄念罢了，我们就不再把它们当真了。

然而在修持的过程里难免会遇到高低起伏，这时我们就必须依循纪律精进地修行了。每一刻我们都会面临选择：到底是要过修行生活，还是要图个舒服和安全。从修行之中我们学会不去贪图舒服或安全感，虽然自己一心只想放弃这份看似无望的解脱企图。

我们很容易把解脱道误解成一种僵化的、近乎军事训练的修行方式。我们经常以为，除非严以律己，否则会崩溃瓦解，甚至会从此丧失认真修行的自我形象。所以我们才会继续对抗那些自以为会阻碍修行的部分。就在这扭曲的过程中，我们逐渐陷入了无情的自我批判，而误以为修行就该如何如何，或是我应该如何如何。

然后，我们也许会突然发现自己的真相从而摆荡到另一个极端。我们想起了教诲里一向强调"天下本无事"。活在这一幕幕的生灭剧情里，我们既不需要做什么，也不需要达到什么境界，更不需要变成什么理想中的人。我们放下了纪律，只是轻松地安住于当下。我们试着让事情自然地生灭。但是，我们一边放松地调柔自己的心，一边又会摆荡到军事化的自律活动里，因为天下本无事并不意味我们真的体证到了天下本无事。假装自己已经达到这个境界，就是在粉饰太平。这么做只是在规避厘清混乱所必须付出的努力罢了。

刚与柔的交互运作就是修行的精髓。不去领会刚柔交织的意义，很可能会在修行的过程里自我设限而无法真的圆满或满足。因为那会将我们的自然能量窄化成一道受限的能量流。

刚柔交织的修行方式很难说清楚，我们必须亲自体证，才能明白那是怎么一回事。总之，我们必须学会在每个当下选择回来安住于肉体的觉受中，这样我们就会发现，即使是迷失于自己所不喜欢的面向——困惑、焦虑或挫败感——仍然可以培养出慈悲、友爱和空性。我们不再陷入狭窄和黑暗的视野里，也不再对自己抱持沉重而严厉的观点。我们终于学会把自己的问题看成是单纯的局限，就像是一些老旧的创伤及信念系统。

以轻松的心情来面对痛苦

每当我们发现自己转入头脑的次元时，我们惯常的反应模式往往是自我批判和层层的论断："这太难了。""我办不到。""我是没希望的。"然而这些信念只会加厚心的坚硬外壳。如果能培养出一份空间感，我们就会停止那严苛对待自己的模式，而不再认为自己的问题是不好的，或者自己的问题只是一种幻象。柔软的态度往往会让我们与生俱来的慈悲及友爱自然浮现，而且能让我们安住于当下所生起的任何现象。但这并不意味我们从此会喜欢上自己的问题，而是终于能以崭新的方式和它互动了。

我们的戏码、痛苦以及苦难，有时感觉起来就像死亡一样。修行生活的功课就是要认清，这沉重的感觉不外乎是一些深植的信念和强烈的肉体觉受罢了。这体证式的理解将带给我们安住于痛苦的一份空间感。可是我们仍旧得付出一些努力；不能只是在痛苦之上加个空无的标签，然后假装没事就算了。这样的方式绝不是实修。我们要学习的是以轻松的心情来面对痛苦，因为只有轻松的心情才能将意志——也就是自我、奋力或挣扎——转化成心甘情愿地顺受。

举一个在静坐中安住于痛苦的例子。当我们的膝盖、脚踝或背部全都觉得酸痛时，我们该如何对治？或许有时必须咬紧牙根通过某些考验，但是也可以逐渐学会仁慈地与身体共处，不再认同身体或酸痛感。有时我们也要运用一些毅力——纪律和决心——来停止对下述这些妄念的认同："这实在是太痛苦了"以及"我再也忍不住了"。如果能做到的话，我们那缺乏幽默感的自我中心倾向就会放松下来。但这并不意味我们就该喜欢上自己的痛苦，我们只是不再需要跟痛苦抗争或是和自己抗争罢了。我们甚至会发现自己竟然能欣然面对不愉快的感觉。在透视信念系统的过程里，我们的进展就是逐渐学会安住于当下的真相。这就是柔性的修行方式。

刚与柔的交互运作就是修行的精髓

这种刚柔交织的修持最适合用来对治上瘾症。第一个阶段对治上瘾症的方式，当然就是要先觉察自己的上瘾行为是什么，并且要看到这股上瘾的冲动延伸至哪些领域。这个阶段要学会的是如何以清晰坚定的觉知来观察眼前所发生的事。此阶段的关键就在发展出自我观察的法门，否则又如何才能看到自己一直想忽略或否定的面向呢？如果无法认清我们的上瘾行为是什么，我们基本上是无法对治它们的。

一旦能清楚地看到眼前所发生的事，接下来就要进行第二阶段的修持，也就是要制止上瘾的行为。这便是我们所谓的刚性自律功夫，不过柔性的功夫也还是用得上，因为柔性功夫可以让我们不至于迷失在自我批判的狭窄视野里。如果我们奋力对治自己的上瘾症，那我们势必会认为自己的上瘾症是不好的，或是认为自己有上瘾症，所以是坏人。这种移植过来的沉郁感，会让我们的上瘾行为更难戒掉；为了让修行生效，我们必须软化那些严苛的自我批判。

第三个阶段的修持就是要体证上瘾行为出现时的那股冲动。在这一点上，我们必须用到刚性的自律功夫，才能在心中提示自己：这是什么？然后就以镭射般的觉知回来观察当下肉体上所出现的实况。我们一旦能体证到那上瘾的冲动，接着便可以转变成柔软的心态，允许事情自然发生。如果能在吸气时感觉一下那份渴欲的质地，会是特别有帮助的事。因为在吸气时如果能觉察到那份渴欲的感觉，往往很容易使它软化下来。

最后一个阶段的修持就是要体验在上瘾倾向底端被压抑下来的痛苦。这时同样要用到刚性自律功夫（在心中问自己："这是什么？"），同时也要运用到任由感觉自行生灭而不再自我批判的柔性方法。在这个阶段里，我们必须怀着一份友爱与豁达的品质，否则就会继续和自己抗争，而且很容易陷溺于自惭形秽和绝望的想法里。如果能在这个挣扎的过程中记得带着一份轻松幽默的心情，就能达到一种平衡的状态，那么即使是最顽固的模式，也都能获得转化。当我们陷入最封闭的情况时，只需要把气深深地吸入心中，就会发现一个能够容纳一切的巨大空间，包括那些最坚实的恐惧和最严厉的自我批判在内。每一个阶段都要再三地重复练习才行。

学会完整地接纳我们的生命

另外还有一个柔性修持方法的例子。当我的免疫系统失调时，我时常感到疲惫不堪和反胃。我发现自己在对待这些症状时，就像在对待敌人一般。但自从我在恐惧的念头上加标签以后，便开始有能力看透它们。最后我终于看到自己最深的误解是什么了。虽然我可以把这些经验推开不管，但真相是，当下所发生的一切才是最真实的人生。不管你喜不喜欢它，不管你想不想要它，这就是我们的真实人生。拥抱它而不是将它推开，便是解脱的关键。了解到这一点，就能帮助我们体悟什么是调柔心中的挣扎，什么是放松对当下的抗拒。有了这份理解之后，我才愿意踏实地过日子。不论我是否喜欢这趟旅程，我都愿意上路去看看沿途的风景是什么，看看这条路会通往哪里，而又不背着自怜和恐惧的包袱。自怜、恐惧、抱怨——一切的评断——才是阻碍我们软化和臣服的真正障碍。

这便是实修生活的真实过程。我们需要一些自律才能看到这些层层的论断和心相。只有刚性的自律功夫，才能让我们安住于随妄念而产生的肉体不适感。此外我们也必须理解为什么把气吸入胸中，安住于存在的焦虑振波之中，然后将空性和慈悲拓展到我们的挣扎和受制的习性之上，便是柔性修持功夫的精要。调柔那些顽固的信念系统，意味着真的去理解那些都不是我们最深的真相。我们一旦学会将这种柔软的功夫运用在无情的批判上，或者一旦领会觉醒心中之爱的滋味，就会以更开放的心胸来面对那二元对立的古老创伤了。我们真正要做到的便是学会完整地接纳我们的生命，不再批判它、删减它或是抗拒它。

如果能不屈不挠地精进下去，一定会一次又一次趋近于我们的边缘地带——那些以往无法超越的地带。以柔软的仁心来臣服于当下的真相，我们一定会逐渐跨越这个边缘地带。只有通过这种刚柔交织、松紧并行，有时运用意志力，有时臣服的方式，我们才会惊喜地发现，自己竟然能爬出那条长久以来深陷于其中的恐惧隧道，并且能将替代式的人生转化成最踏实的生活方式。

第十四章 随它去

当我们感到焦虑时，我们的修炼就是要聆听心中的思想，感觉那份焦虑，然后任由它去。当我们感到疲惫或昏沉时，我们的修炼就是去感觉身上那股昏沉的滋味，然后随它去。当我们发现自己正在抗拒当下这一刻时，我们的修炼就是去体尝那股抗拒感的质地，然后随它去。

最近有人告诉我一则有关某位男士和他儿子出车祸的事。这件事突然让我意识到文化制约的力量。据说那位男士在车祸中丧生了,那个男孩后来被送进了医院。那位负责开刀的外科医师进入手术房时竟然说道:"我不能替这个男孩开刀,因为他是我的儿子。"

告诉我这则故事的友人问我说:"你知道那位外科医师是谁吗?"起初我以为这又是一则禅宗公案。我完全不知道该如何回答他。结果答案却非常简单:那位外科医师就是男孩的母亲。这么简单的答案,我竟然连想都没想到。虽然我不认为自己是个对女人有偏见的人,但很显然我已经受到了文化的制约,而假设那位外科医师应该是位男性。这使我洞察到我们有许多行为都是奠基于文化制约的观点之上,而且我们完全意识不到这个倾向。我们的行为之中到底有多少是来自于这份无形制约的?

在修行生活里有一个特别受到文化制约的生命态度，它所带来的迫害比任何东西都大：我们根深蒂固地认为自己必须有所作为。我们的文化制约使我们深信活跃和富有创造力是一件好事。我们总认为要想得到快乐，就必须追随内在的冲动去改变和修正自己。认为自己能做些什么而让事情变得更好，乃是我们替代式的人生根深蒂固的本质。

只管打坐就对了

静坐的基本要点是——不论我们带进门的是什么，或者感觉是什么——只管打坐就对了。首先我们静坐下来觉察身心之中正在发生的事，接着体证一下它的质地，之后便安住于其中。我们不妨问自己："现在正发生什么事？"然后开始觉察我们心中的状况，身体上的状态，以及从环境输进我们感官里的信息。为了体证到这些东西，请你现在就问自己下面这个问题：当下这一刻正在发生什么事？然后觉察一下你心中的状况。你的心现在忙不忙？有没有困惑？是否平静？是否烦乱？你只需要注意就好了。另外也要注意一下身体的状况。它疲惫吗？放松吗？酸痛吗？安稳吗？同样的，只要觉察就够了。现在再留意一下从环境输进来的信息，譬如屋子里的温度，光线的变化，还有各种的声响。你不需要做任何事——只要觉察就够了。

当我们觉察到眼前这一刻的质地时，我们很少能如实经验它们。

我们很容易将自己的这一点或那一点视为必须解决的问题，或是必须克服的障碍。原因是我们对当下所发生的事，总是会生起让自己深信不疑的评断和意见。举例来说，如果在静坐时感到乏味和昏沉，我们通常会认为这是一次很糟的静坐。假如觉得焦躁或烦乱，则会认为自己必须安静下来。感到困惑时，我们会渴望自己能变得清明自在。然而我们的修炼就是要记住，不论发生了什么事，都不需要把它看成是障碍或敌人，也不需要纠正它、改变它或去除它。从修行的观点来看，眼前发生的任何事都是我们的道途。

我们只需要问自己一个问题："这是什么？"这个答案永远无法在理性分析中找到，只有在当下的肉体觉受里才能发现到它。没有任何的言语能形容当下这一刻的经验是什么。如果能以超越概念的方式来体证当下那独特而多变的本质，我们就会得到一种满足感。这份满足感是我们无法在不断获取、造作和纠正的人生中发现的。

因此，修行就是任由生命自然运作。但这并不是消极或虚假的不执著，因为我们还是需要高度的纪律才能安于当下，维持住内心的祥和。我们的纪律就是选择不在当下迷失于妄想中，精确地标明念头，精确地进行自我观察。我们在上座和下座时都可以用这种方法来修行。愿意开放地观察当下生起的任何一种现象——想要认识它，和它共处，并且想安住在当下的真相里——这样的意愿，我们永远都能生起。

这是什么

每当我们想要改变或去除某个经验时——也许是在静坐时,或是在日常生活里——我们永远都有选择权。苦难与否可以是任由我们选择的,这一点听起来也许不容易被接受,尤其是当我们对自己的苦难上瘾时。然而受苦真的是不必要的!我们只需要观察它,如实体证它,然后随它去。

假设我们目前有身体上的不适或疼痛感,通常伴随着这份感觉所生起的念头是"我到底会发生什么事"或"我简直不相信自己会发生这种事"。我们只要相信这些念头,苦难就开始了。身体上的不适感往往会转成一层又一层的情绪上的痛苦。这些信念经常会强化或固化身体上的不适感。这时我们可以选择去观察和标明我们的念头,然后让自己的觉受自然生灭。接下去痛苦又会产生什么变化呢?你不妨自己去尝试一下,看看会产生什么变化。

几年前在我长期卧病的那个阶段,我每周都必须去医院做一次血液测试。由于童年的制约,我对血液测试已经发展出强烈的反应。我时常会有头晕的反应,有时甚至会晕倒。我的反应并不是源自于害怕痛苦,那只是我的制约的一项副产品罢了。就算我对这点看得很清楚,也没什么用。我仍然是满怀焦虑地去做测试。为了对治这个问题,我把多年来学到的禅宗修炼方法全都用上了。譬如我在做血液测试时,就把全部的注意力放在自己的呼吸上。不过我还是照样晕倒。有时我在心中默念一些有关空性的咒语，或者告诉自己要不动如山，结果还是没什么改变。以这样的方法来对治自己的弱点，往往让事情变得更糟。把自己评断成一名弱者，反而强化了自己的制约反应。

有一天当我开车前往验血中心时，突然想起最近学到的一种修行方法：不论眼前生起的是什么现象，都要问自己"这是什么？"打从我坐在椅子上让护士抽血的那一刻起，我一直不停地问自己这个问题，为的就是要体验眼前的感受。后来当我开始觉得头晕时，非但没有生起焦虑感和反弹，竟然还感到一股略带兴奋的好奇之心。因为我很快就能发现晕倒是什么滋味了！然而我并没有晕倒。头晕的感觉过去了，我坐在那里好端端的，一点事也没有。一旦放弃心中的挣扎，那份不必要的痛苦不但会消失，就连身上的觉受也转化了。请注意，我并不是在利用这项修持去躲开晕倒的不适感。我们时常会把修行扭曲成我们想要的状态，这是我以往时常做的事。我刚才所说的情况跟我以往的制约是截然不同的，因为我终于心甘情愿地和当下共处了。

我并不是在暗示我们的制约是一种幻觉，只要假装它们不存在就行了。这样的态度是不真实的。我指的是，我们可以怀着轻松的心情来面对我们的经验。不刻意去放空，空间自然会出现。只要我们不再相信自己的论断，尤其是那些对自己的苛求，空性自然会出现。只要不再抗拒自己的真相，并逐渐学会心甘情愿地与它共处，我们就会开始欣赏自己的惯性模式，自己那小小的人生戏码以及所有瞬间即逝的演出。

臣服于当下这一刻

当我们感到焦虑时,我们的修炼就是要聆听心中的思想,感觉那份焦虑,然后任由它去。当我们感到疲惫或昏沉时,我们的修炼就是去感觉身上那股昏沉的滋味,然后随它去。当我们发现自己正在抗拒当下这一刻时,我们的修炼就是去体尝那股抗拒感的质地,然后随它去。

以开放的心胸来生活,并不意味我们必须排除掉恐惧,排除掉自己不想要的感觉、性格或各种的困境。我们唯一需要放弃的其实是自己的意见和自我批判,然后我们才有勇气做自己,不论自己是什么模样。做自己并不是打着心灵自由的招牌去为所欲为。这句话的真谛是愿意去经验心中生起的任何一种现象,而没有想要改变它的需求。当我不再把自己的戏码看成是灾难,而只看成是一种局限时,就能以更慈悲更轻松的心情来转化它们。如果我们能在这个更大的空间里体验自己的戏码,就会在静坐中开始感到放松,生活也会变得轻松起来。

我们甚至会因此而瞥见一则深奥而简单的真理:只需要学会如实存在就够了。我们不需要做什么、修正什么或改变什么。其实一旦能深入体会如实存在的真谛,就会发现一个能真的支持我们的真理。臣服于当下这一刻,就会在真实的生活里经验到内心的祥和,并且能放下心中的评断或是想改变的需求。

臣服于当下这一刻便是修行生活的精髓。这句话听起来很简单,要想持续地做到可就不容易了。为什么？因为我们就是不愿意这么做。我们就是不愿意和真实的生活共处。我们只愿意相信自己的妄念。然而修行生活必须去观察和转化这份抗拒感——那些我们用来障碍自己的开放性的无穷方式。然后我们要学会回来安住于当下，不论当下的真相是什么。

第十五章 慈爱

> 我们不妨把慈爱解释成一份善意、一种仁慈的觉知，而且其中往往带着热情及善于接纳的成分。这份开放度这种能够包容的气度……让我们有能力把心打开。如此才能放下自己、放下别人、放下人生，只是存在着罢了。

我从事临终关怀的义工工作一年之后,有人要求我和一位刚过世不久、年龄三十的男子的遗体共处。这名男子在遗言里交代周围的人三天之内不许碰他的躯体。他对死后的程序有某种特定的信仰,因此他希望能找到一位愿意支持他的人,坐在他的身旁陪伴他度过这三天。虽然我并不认识这个人,我还是答应在他身边每天静坐三小时。

我打开门进入他的房间,看见床上躺着一具憔悴不堪的尸体,我立刻把头转了过去。这位年轻的男子是因为艾滋病而过世的,我看着他那副瘦得只剩下皮包骨的身躯,心里立刻生起了对死亡的恐惧。接下来的几分钟,我一直试图转移自己的注意力——譬如去点支香,看看墙上挂的照片——我用尽所有的方法不去看眼前那具尸体。接着我突然想起,我到这里来不是要让自己感觉舒服,而是为了尊重死者的意愿提供他一些支持。于是我走到床边开始检视他的身体,不过眼睛睁直视着他仍然有些困难。我知道我的不舒服直接反映出了我对痛苦地死去的恐惧。

我在他的身边坐定下来。接下来的三小时里，我一直以盘坐的形式为他的身体进行慈爱观想。但是我必须很诚实地说，有时我的心也会径自做起白日梦来，或者在看着这具与我毫不相干的尸体时，心里一点感觉也没有。但是随着时间的消逝，渐渐地，我不再把他当成一具尸体，而开始对他这个人产生了一份连结感。

吸气时，我会把他的影像吸入我的心中，吐气时则默默地对他进行慈爱观想与发愿：

愿你安住在开放的心性中。
愿你从苦难里解脱。
愿你在眼前的这一刻就能得到疗愈。
但愿众生都能觉醒。

起先这些愿文都只是一些说辞罢了，因为我感受不到我对他有任何的慈爱之情。我能感觉到的只有不舒服和恐惧。然而，慈爱修炼并不是要我们激起任何特殊的感觉，它真正的目的是要我们转化眼前任何一种会阻挠善性的障碍。所以我只是很单纯地和我的不适共处，同时体验身上所出现的痛苦情绪，然后一边重复默念着慈爱愿文。当我把气吸入胸中时，同时也吸进自己的痛苦以及这位陌生人的影像。逐渐地，我们之间的障碍——由我自己的恐惧和自保机制所组成的——便开始消解。

我们之间的障碍消解之后，我就不再把他的痛苦和我的痛苦分开了。我的感觉就像所有的人类都在经验这种普遍性的痛苦。我一遍又一遍地默念慈爱愿文，这时心中的恐惧和不适开始被一股深刻的连结感所取代。躺在床上的这具尸体对我而言已经不再是一个陌生人了。当我们之间那道明显的藩篱突然消失时，我才体悟到宇宙心的真谛——心就是我们的本质，它是超越各种隔绝和对立的。

觉醒心中的慈爱

我在二十出头时读过一段汤玛斯·沃尔夫（Tomas Wolfe）的文字："我们之中有什么人真的认识过他的兄弟？我们之中有什么人不再觉得自己是个陌生与孤独的人？"那时这些话语曾深深打动了我的心，但我仍然不知道牢笼的出口在哪里。三十年后的今天，我终于看到那出口是什么了。慈爱观想并不是一种让自己感觉很好的修持方法，它是需要努力才能体悟的。首先我们必须敞开我们的心面对未知的领域——那些超越我们的计划和自保机制之外的领域。然后我们必须透视那些会障碍住慈悲的层层恐惧和自我批判。当然我们最大的问题还是不想放下自己的计划和自保机制。

很不幸的是，人们在传授慈爱观的方法时，往往省略了转化恐惧和自我批判这个部分。因此我们很容易利用这项修持来激发爱的感觉，借以掩盖未治愈的痛苦，或是想让自己看起来有爱心一些。那么，觉醒心中的慈爱到底是什么意思？

我们不妨把慈爱解释成一份善意、一种仁慈的觉知，而且其中往往带着热情及善于接纳的成分。这份开放度，这种能够包容的气度，往往能使内心里不断在批判的那种倾向降低。把气吸入心中，似乎能拦腰斩断批判之心的坚实性，让我们有能力把心打开。如此我们才能放下自己、放下别人、放下人生，而只是存在着罢了。

这项修持的细节将会在下一章仔细地加以描述。简而言之，吸气时我们把觉知引到心中，呼气时我们将觉知从心中向外扩散到自己身上及别人身上。但是我们必须记住，在进行这项修持时，我们并不是要刻意激起如慈爱之类的特殊情感。我们真正要注意的是自己眼前的真相是什么，包括去觉察一下是什么东西阻碍了慈爱之心的自然流露。在最深的层次上，慈爱之心就是我们的真相，这才是我们存在的本质。如果想体验到它，首先要察觉是什么东西障蔽住它了，譬如一些缺乏爱心的行为、不善的意念，以及对自己和他人的批判。

不停地祈祷

有时当我们吸气时真的会产生一股慈爱的感觉，就像我们经常会感觉到不善底端的愤怒和恐惧一样。认清与体证到愤怒和恐惧，将使我们本有的善性逐渐流露出来。

我们可以直接拥有或培养出这份慈爱之心。《朝圣之旅》(*Way of the Pilgrim*)诉说的是十九世纪俄国的一名朝圣者横跨俄罗斯平原的故事。他的身上只携带了一些干面包和两本书——《圣经》以及早期希腊正教经典《慕善集》——借以维生和维持他的修行。心里怀着对上帝真诚的思慕之情,他唯一的目标就是学习如何不停地祈祷。

虽然我们已经不太可能按照古老的习俗来进行朝圣之旅,但是"不停地祈祷"这句话却是富含深意的。在发慈爱心的修行里也有同样真诚的品质,所以它才那么富有转化的力量。真正的祈祷是向当下这一刻臣服,不论当下这一刻是什么。这样的祈祷方式跟孩子们祈求自己的愿望能实现是截然不同的。真诚的祈祷之中有一份深刻的对生命开放的本质;里面有深沉的聆听,有乐于和当下共处的意愿。如果从这个角度来看,它基本上和发慈爱心的修持并无差异。当我们在进行慈爱的修炼时,并不是在要什么东西。如果能进入开放的心性中,我们就有能力随顺生命了。

在这种深沉的祈祷方式里,最大的障碍就像那名朝圣者所经验到的:心中不断生起想要追求舒适的妄想——心里的计划、幻想、剧情,尤其是那些我们信以为真的论断。

我们该如何对治这份人性的倾向?如同那名朝圣者一样,我们不断将觉察拉回到呼吸,拉回到心中,然后一遍又一遍地发慈爱心。能做到这一点并不容易。一开始的时候,那名朝圣者每天至少要祈祷三十分钟。后来他的老师要他把祈祷的次数增加到一天两千遍。接下来是六千遍。然后是一万两千遍。经过多年的修持之后,凭着全心的奉献和不屈不挠的精神,他的祈祷终于变成了一种自发的活动。他开始能永不止息地祈祷。他开始生起一股雀跃的心情和一份对万事万物的感恩之心。这时他终于明白了神的国度就在心中的真意。这个例子可以启发我们,让我们更坚定地修行,以及更有规律更深入地发慈爱心。

按部就班地在生活里发慈爱心,它就不再是一种默观练习了。它会变成我们生命的一部分,变成我们的一种自然反应。我们会发现每当恐惧生起时,我们可以看着它,体验它,然后学习毫不批判地接纳自己这个正在害怕的人。当疾病产生时,与其把自己视为一名失败者,或是去分析我们是因为什么理由而得了病,不如将那口气吸入心中,体验一下眼前自己的真相是什么。然后我们就可以将这份慈爱拓展到全身。这项修持的目的是要让我们学会接纳自己最不想要的面向,同时要怀着热情、空性和善感之心——这些都是慈爱的精髓。

如果能以不批判的态度面对我们的问题,我们就不会再用这种态度攻击自己了。当我们停止对自己无情地批判时,就会经验到内心的温柔和热情,那是害怕得不到保护或因恐惧而自欺时所无法感受到的品质。这就是我们觉醒心中的慈爱的方法。觉醒心中的慈爱意味着去觉察自己的问题,如实看着它,以开放的胸襟来迎接它,以毫不批判的态度和它相遇。然后我们才可能真的治愈自己,开放地经验我们与生俱来的圆满自性。

第十六章 慈爱观

当我们随观自己的气息进出心窝时,我们会同时经验到其中的意象和愿文。这种随观气息进出心窝的方式,令慈爱观超越了头脑的次元。

我把这章所谈到的观想方法视为最重要的一项修持，但这并不意味你可以用它来取代静坐，而是要将它当成一种辅佐的方法。除了每天静坐之外，我还会找些时间修慈爱观。

如果你已经在进行慈爱观的修炼，那么当你读到这一章时，不妨把以前所学的暂时放掉，这样才能敞开心胸，从本章提到的方法中获益。

本章的观想方法总共要进行四个回合，每一个回合都有四句愿文，并且要重复好几次。第一个回合所针对的人是自己；第二、三个回合的愿文是针对亲近的人而发的，最后一个回合的愿文则是要回向给一切众生。

第一回合：将愿文回向给自己

起先要深呼吸几次，然后开始留意自己的呼吸。当你吸气时，请随观气息进入胸中的过程。然后体验一下心窝四周的感觉。感觉上它是封闭的，还是紧缩的？是清明的，还是开放的？是温暖的，还是清凉的？或者是中性的？不论你的感觉是什么，只要保持觉察就好了。每一次吸气都要比上次深一些。现在开始重复念颂这四句愿文，请伴随着呼吸来进行：

1.吸气时随观气息进入胸中。吐气时默念下面这句愿文：

愿我安住在开放的心性中。

让当下心中生起的热情流遍全身。如果心中没有温暖的感觉，也没有慈爱之情的话，只需要留意到这个现象，便继续发愿下去。请重复几次这样的呼吸方式，并且在吐气时默默说出上句愿文。

2.吸气时再度觉知气息进入心中的感觉，吐气时请说出下面这句愿文：

愿我能察觉遮蔽这开放心性的障碍。

开始觉察你每一个会阻碍开放心性的情绪状态，譬如，愤怒、自保机制、自我批判或根本的恐惧。然后将热情和慈爱的觉知拓展到自己所能感觉到的情绪之上。请重复几次这样的呼吸方式，并且记住你并不是要去除什么东西，而是要将那份仁慈的觉知拓展到那些封闭的情绪之上。

3.继续将气息吸入心中，吐气时请说出下面的愿文：

愿我能在当下这一刻觉醒，如实地存在。

请觉察你的周遭及内心所发生的事——声音、气味、景象、肉体的觉受、情绪、思想——然后任由自己去体验这一切，任由生命的自然现象如实存在。请在几次的呼吸中安住于这开放的觉知，然后继续将气吸入心中，再将气从心中吐出。如果妄念生起心飘走了，就毫不批判地将觉知拉回到呼吸和心窝一带。

4.再度将气息吸入心中，吐气时则说出下面这句愿文：

愿这开放的心性能拓展到一切众生身上。

将心中生起的慈爱拓展到其他的众生身上，包括任何一个你可能意识到的人。将第四句愿文在几次的呼吸中念完。

将这一个回合的四句愿文重复诵念，并配合着呼吸来进行：

愿我安住在开放的心性中。

愿我能察觉遮蔽这开放心性的障碍。

愿我能在当下这一刻觉醒,如实地存在。

愿这开放的心性能拓展到一切众生身上。

请重复这个回合的练习。

第二回合:将愿文回向给自己所爱的某一个人

现在意识一下某个和你很亲近的人的影像。这个人必须是一个令你有正向感觉的人,这样才能激发你想要拓展慈爱之心的愿望。

吸气时请将这个人的影像吸入你的心中,吐气时请将慈爱之心拓展到此人身上,然后重复诵颂念下面四句愿文。如果你觉得心中有排斥的感觉,只需如实认知和体验就够了。四句愿文如下:

愿你能安住在开放的心性中。

愿你的苦难能够被治愈。

愿你能够在当下觉醒,如实地存在。

愿你那觉醒之心能拓展到一切众生身上。

第三回合：将愿文回向给其他和你亲近的人

选出另外一位令你有正向感觉的人，为他发上述四句愿文。发愿时请记住将气息吸入心中，然后将气息从心中吐出。

你可以尽可能地将各种不同的人当成你发愿的对象，愿文的程序同上。

第四回合：将愿文回向给一切众生

最后将觉知拓展到一切众生身上。愿文如下：

愿众生之心都能觉醒。
愿众生之苦都能被治愈。
愿众生都能在当下觉醒，如实地存在。
愿众生都能帮助彼此觉醒。

四句愿文结束之后，就回来单纯地吸气和吐气，体验心窝一带的感觉和质地。只要如实地体验就够了。请记住每一次吸进来的气息要比前一次深一些。

慈爱观后记

这项修持的关键就是要持之以恒地练习，有时挪出一整天的时间来进行这项修持，会是很有帮助的事。

愿文本身也是相当重要的，因为它能帮助我们集中注意力。至于其他的禅定方式，在进行时往往会做起白日梦来，譬如不断地妄想或是在计划着什么。所以尽量安住在愿文之上，至少注意力可以保持集中。

这四句愿文和修行的四个基本阶段是相关的，譬如第一句愿文"愿我能安住在开放的心性中"就跟修行的第一个阶段有关：觉醒心中的愿力。第二句愿文"愿我能察觉遮蔽这开放心性的障碍"则是跟克服恐惧、批判及自保的一种长期苦修有关。第三句愿文"愿我能在当下觉醒，如实地存在"则跟开放的觉知有关，这个阶段我们才开始有能力在生活中如实存在着。最后一句愿文"愿觉醒之心能拓展到众生身上"则象征着从自我中心的观点拓展到以众生为中心的观点。以这样的方式去理解这四句愿文，可以让我们持续不断地和更大的画面连结。

当我一开始练习这个观想方法时，我采用的是过去学过的一个版本。我向净香描述这个愿文的内容，她怀疑我是不是想制造出某种特殊的感觉。后来我发现自己确实想制造出某种特殊的心态，于是就将其中的词语做了一些更动来契合我对修行的整体理解，也就是要如实面对人生而不是企图制造出某种特殊的感受。同样的，你也可以更动一下愿文来符合你自己的理解。

学生经常会问到这些愿文和自我肯定有何不同，答案一定会涉及到慈爱观的本质。自我肯定的练习就像在脑子里注射药物来改变或掩盖我们真正的感觉。但慈爱观的练习却刚好相反：它并不是要改变和掩盖我们的感觉；它主要的目的是要体验当下。总而言之，慈爱并不是一种感觉；它就是我们存在的本质。让慈爱观有别于一般肤浅的头脑练习的关键，就在于观想时必须集中焦点在心窝部位的感觉。当我们随观自己的气息进出心窝时，我们会同时经验到其中的意象和愿文。这种随观气息进出心窝的方式，令慈爱观超越了头脑的次元。

我们要选择什么样的人来拓展我们的慈爱呢？某些修行人为了对治自己的负面感觉，会特别选出那些在相处上有困难的人作为观想的对象。不过这个做法有点狡猾，因为我们很可能会利用这种观想来欺骗自己。以为自己已经超越了负面的感觉，但其实只是粉饰太平罢了。如果我对某人有负面的感觉，通常我会直接面对它，而避开慈爱观的修炼。我总是将慈爱观的修炼留给最近令我有正向感觉的人。你必须亲自去实验，才会知道其中的差异是什么。

我每次在发愿时总是观想相同的一些人，如果某人正在生病或是陷入低潮，我也会将他包括进来。我甚至会观想一些已经过世的朋友，借着他们来象征我的某些恐惧。譬如我最近观想的对象，是我做临终关怀义工时陪伴过的两位已经过世的病患。其中一位非常害怕自己会失控；另外一位则非常恐惧肉体的痛苦。我会在吸气时将他们的影像带入心中，然后发愿——"愿你能安住在开放的心性中"，接着就把慈爱拓展到他们身上。接下来我开始为自己和自己类似的恐惧进行慈爱观。在做这项练习时，以往似乎无法解决的恐惧，这时都会因为心中的爱和空性而得到转化。

一开始将气息吸进与呼出胸中时，可能会觉得很不舒服。默默重复诵念慈爱愿文，可能也会觉得有点陌生。但是愿意安住在那股不舒适的感觉或嘲讽的心态之中，一定会让你有所收获的。我认为没有任何一种练习可以像它那么有效地斩断批判之心的坚实性，或是帮助我们突破长期以来的隔离感。将气息吸入和吐出胸中所产生的力量，是既无法解释，也不能被否定的。唯一能让我们亲自体会它的方式，就是在修行生活中持之以恒地进行练习。

如果在进行这项练习时生起了怀疑和抗拒，请不要感到惊讶。我们经常会利用修行来防卫自己，因此慈爱观之中的开放性往往会让我们产生威胁感。你也许会感觉你是在欺骗自己，或是觉得这项修炼的方法不够真实。然而，即使你相信这些受制的论断，也不意味它们就是真实的。你越是能拓宽自己那充满着批判的心，就越能领会这项练习的价值。

第十七章 觉醒慈悲之心

>……真正的慈悲永远不可能来自于恐惧,或来自于想要修理及改变他人的那份渴望。只有当我们深深体会众生共有的痛苦时,悲心才会油然而生。

当我刚开始从长期的免疫系统失调中逐渐康复时，我有一股强烈的想要停留在这个边缘地带的感觉。我从这场疾病里学到了太多的事情，所以我并不想落回到不断追求舒适及安全的例行生活中。既然已经面对过和死亡有关的恐惧，我很想把死亡这项事实留在我的面前，来提醒我不再落回到如履薄冰的生活里。否则，我知道我很容易会丧失已经深化的对觉醒的领悟。

但是我并不知道该如何让自己实事求是地停留在这个边缘地带。为了找到方向，我特别去上了一堂"死亡与濒死"的课程。虽然课程的本身并没有带来什么帮助，不过却让我变成了一名临终关怀的义工。虽然我立刻知道自己很愿意成为一名临终关怀的义工，但我很难想象走进一位垂死的癌症病患者、艾滋病患者或其他重症病患者的家中，会是什么滋味。义工到底要做些什么事？我在这种情况之下该以什么身份出现？我到底该说些什么？我能够为一名垂死的人带来什么帮助？我把心中的这些疑惑放在一边，开始接受训练，同时也开始遭遇到前所未有的修行难题。

开放心胸面对变化

我第一个任务的对象名叫理查（这并不是真实姓名，本书中所有的病人及家属的姓名都不是真实的）。他是一位五十二岁的末期脑癌病患，当时的我对这项工作仍然感到不适和自我怀疑，于是我决定先花几天的时间和理查建立一点交情，然后再进行正式的临终关怀工作。这个非正式的访问表面上是要让理查感到舒服一些，实际上是要让我自己感觉放松一点。来应门的人是他的妻子，她带我去见她的先生，后者正站在黑暗的长廊中。我们彼此友善地寒暄几句话之后，理查突然喊道："这是没用的！"便走进他的房间，关上了房门。我转身看着他的妻子，她说了一句："我好害怕！"就开始哭了起来。接着她很快地从我身边走开，我则不知所措地离开了那栋房子。我为刚才所发生的事感到错愕不已，只好一个人呆坐在车子里。

回家之后，我打了一通电话给我的临终关怀指导老师，他给了我一些肯定。接下来的几天我花许多时间静坐，试着让自己安住于当下的真相，但自我怀疑的焦虑感仍然存在。当我再度回到理查的家中时，我打起精神准备面对最糟的情况，而且心里不断地盘算着。当他的妻子来应门时，竟然满脸微笑地带我去见理查，而理查正兴高采烈地看着电视上的摔跤节目。这次访问差点没让我跌破眼镜。两次的探访我都预先在脑子里设定了某些画面——譬如应该怎么做或是该扮演什么样的角色。

从每一个病人身上，从每一次的探访中，我一遍又一遍地认识到我必须开放心胸面对变化，面对无法逆料的事，而不是认为自己能掌控及改变什么。情况改变的速度是那么的快，你根本无法以任何模式化的反应来掌握住它们。这意味着我必须放弃自己所熟悉的自我感和行为模式。如果不放下援助者的身份，以及"病患就是被援助的人"之类的意象，我永远也不可能以富有意义的方式和他们产生连结。这其中的挑战和成长的契机就在于，每一次的探访，心中都不能抱持着任何期待或想要改变眼前情况的需求。我只能提供自己的生命和基本的善意，即使我和眼前的那个人并没有明显的私人关系。完全的参与，意味着对眼前的情况不抱持任何先入为主的观念。

有一次理查告诉我他父亲下葬的那一天所发生的事。当他跪在父亲的坟前时，突然听到父亲对他说："如果你想在天堂看到我，你最好整顿一下自己的生活。"一年以前当他的父亲恳求他放弃酗酒和诅咒的习惯时，理查还怒气冲冲地回嘴道："你过你的日子，我过我的日子！"但自从在坟边听到父亲的话语之后，他的人生有了彻底的改变。他不但戒了酗酒和诅咒的习惯，还开始在每一天进行祈祷。这是他此生第一次感觉到祥和与宁静。虽然他并不想死，但是他已经开始相信上帝的安排，并且把死亡看成是一段正向的过渡期。

在父亲坟边的那次经验，整个转变了理查的人生。虽然从我个人的观点来看，他并没有散发出深刻的灵性体悟，但我不能否认他似乎真的接纳了自己的疾病和死亡。期待他能按照我的规划来修持，势必会阻碍我和他产生真正的连结，而且这样的心态也并不恰当。他的心已经有了自己对上帝的理解，我既不需要说什么，也不需要做什么。我只能细心地聆听和感受眼前这个柔和的生命所散发的美。

我很清楚地看到，所有的慈悲之道都要求我们放弃掌控的需求，而且要放下不断想改变别人来符合我们理想的欲望。我们一旦学会开放心胸接纳眼前任何一种情况，我们就会体悟慈悲之中的那种基本的连结感了。

不要收回你的心

玛莉是一位六十九岁的病人，她罹患的是心脏病和肺气肿。她大部分的时间都躺在床上，身上插着导尿管，脸上戴着氧气面罩。虽然身体已经退化了，她还是十分热情和友善地欢迎我的来访，不过你仍然可以感觉到她的心底深处有一股无法被否认的焦躁感。譬如，她必须二十四小时不断地看着录影带或是电视节目，而且她根本无法看完一部电影或是一场秀。然而她并不想谈论她的焦躁不安，她只想跟它保持距离。第一次探访她的过程里，我唯一的作用似乎只是个被美化的保姆。但逐渐和玛莉熟识之后，我开始能理解要她对治自己的恐惧有多么困难，也因此而对她产生了同理之情。我试着以交心的方式和她谈话，并且在心里默念："愿你安住在开放的心性中。愿你的苦难能得到治愈。"虽然我从未想象过自己和她会有真正的心灵交流，或者她是否能接收到我的慈爱愿文。然而不断地在心中默默发愿，我和她之间真的开始产生了一份深刻的连结感。

有一回当我们观赏录影带时，我突然有一股很想去握住她的手的冲动。接着我又迟疑起来，深怕这么做会令她觉得不舒服。回家之后我很后悔自己为什么要把心收回来。我决定下一次和她见面时不再让怀疑和焦虑介入我们之间。我很期待下次碰面时能握住她的手，而且心中将充满着热情。但是那天到来时，我却接获了一通电话：玛莉已经与世长辞了。我有一种感觉比心中的哀伤还要强烈：我发现自己永远也没机会握她的手了。我当时向自己那小小的头脑之中的怀疑妥协了，当我意识到这点时，已经失去了表达情感的机会。这则教训非常的清楚有力：时间如同飞逝一般，我们永远只有一次的机会。这些话语痛苦地烙印在我的心中。接下来的临终关怀采访，一再地让我领悟到："不要因恐惧而收回你的心。"

留意你自己设定的计划

莫琳大约四十五岁左右，但是我们见面时，她的肝癌只允许她再活几个星期了。我特别被指派前来探访莫琳，因为她需要的是一个能和她探讨灵性修持的义工。我们彼此交换了一些对疾病和禅定的体验，便立刻产生了连结感。她对我的话语似乎很能接受，她希望我能时常为她朗读史迪芬·勒文的《生死之中的自我治疗》。她是第一个能够仔细听我讲述持修方法的病患。

我们的谈话经常环绕着莫琳对她家人的失望。她的先生和十来岁的女儿们似乎很难接受她即将死亡的事实，这点令她感到十分挫败。他们对待她的方式就好像她没病似的，他们只想把癌症当成是一种暂时的不便。不过她最大的问题还是她自己。身为一个顺从的人，她总想满足他人的理想而装出一副没病的模样。她不肯求助，因为她怕这么做会干扰了他们对面子的需求。我试着帮她认清，一味地活在假象中——包括家人和她自己的——只会造成她的沮丧和失望，并且会阻碍她和心爱的人产生真正的连结。

莫琳的身体一直在退化，她的孤立感和隔离感也随之而加强。有一天临终关怀组织打电话告诉我说，莫琳的状况急转直下，可能不久于人世了。我前去探望她，她的病情已经重得再也无法和人谈话了。她脸上的痛苦和惊恐加深了我无法帮助她的那份挫败感。

开车回家的途中，我发现自己的挫败感已经变成了更强烈的沮丧，还伴随着一股想要反胃的沉痛心情。一回到家里，我立刻生起了强烈的冲动，想要借忙碌来逃避那份不舒服的感觉。因为心知肚明自己的情绪反应是源自于我看不到的盲点，于是就坐下来开始观照自己。

第十七章　觉醒慈悲之心

我试着安住在肉体上所呈现出的那股沮丧感,然后问自己:"这是什么?"不过我并不是在寻找逻辑上或概念上的解答,而是真的去体证身上的感觉。我的胃一直在翻搅,浑身上下都是紧绷的,还弥漫着隐微的挫败、抗拒和阴郁的觉受。

我后来逐渐认清,我的沮丧其实是来自于内心里某些尚未被发现的计划。我把自己看成是一个能够提供帮助的人,一个能够帮助莫琳减轻痛苦的临终关怀圣人,同时还认为自己可以引领她体会清明的死亡。当然这并不是我唯一的动机,不过很明显的,我内心的计划阻碍了我们之间真实的连结。我想帮助她的那份需求反而使我无法认清,她和她家人深埋的互动模式绝不是我所能转化的。当这一切都被厘清时,那股沮丧的感觉便开始消解了。接着我联想到莫琳的痛苦、困惑和充满着惊恐的表情,便开始将她的影像吸入心中,为她发慈爱愿文。简而言之,我想帮助她的那份需求,或者应该说是我想要被感激的那份需求,才是令我无法真诚付出的原因所在。

虽然她在我最后一次的探访过程中与世长辞了,我仍然时常想起她。我经常将她的影像吸入我的心中,并且试着去感觉根植于恐惧的那份痛苦:她的痛苦是无法认清自己总是臣服于某种形象的那个惯性模式,我的痛苦则源自于想借着提供帮助来获得肯定。一旦在空性中体证到这些人性的倾向,心中的慈爱之情便开始取代那份沉重的沮丧感。

我们与生俱来的想要协助、付出及连结的本能,经常会搅入自我中心的计划里——想要被视为一名协助者，想从工作中获得成就感、被别人肯定。这些琐碎的计划经常会阻碍我们以真正慈悲的方式来行动。我们必须一遍又一遍地看透它们，同时要体证到它们所带来的破坏，才能减轻它们对我们的慈心的污染。

死亡就是一颗封闭的心

汤玛斯是一位六十九岁的爱尔兰人，因为罹患了肝癌和胰脏癌而面临死亡。虽然表面上我们并没有一点共同之处，但是第一次见面便十分投缘。我后来发现垂死的人都很需要把他们的故事说出来。他们并不希望我们以过度正向的方式重新诠释他们的困境——他们只想找到一个可以听他们说话的人。以汤玛斯的情况而言，很明显的，这就是他想从我们的关系中得到的东西；对我来说，能够学会聆听并超越我正常的计划和自我感，也是相当重要的事。通常我会先问他几个问题，然后让他以爱尔兰土话来诉说他自己的故事。对他的故事我不提供任何意见，也不企图让他对自己的"错误"觉得好过一些，更不让自己搅进他的剧情里。我只是尽量单纯地倾听。

接下来的几周，我对汤玛斯的认识逐渐加深，同时也越来越喜欢他这个人了。他的自尊心很强，尤其不喜欢依赖他人。举例来说，他的一个女儿曾触犯他而独自生活去了，这件事造成了他很大的痛苦，他无法原谅自己的女儿。此外，他也不允许别人照顾他；他必须把自己看成是一个没有需求的人。某一天，他进入浴室十五分钟后，我敲他的门看看他是否无恙。他告诉我他没事，不过我还是不放心，于是又去敲他的门，并且擅自把门推开，结果我发现他正站在镜子前面努力地扣着睡衣上的纽扣。虽然他看起来一脸的无助和困窘，但仍然无法向人求援。他完全无法超越那份想要独立自主的尊严感，即使在这最后的时日里，他仍然无法包容自己的女儿。这一切看在我眼底，令我感到十分沉痛。我从自己的生活里学习到，苦难的本身并不是转化的关键。我们必须心甘情愿地从苦难里学到一些事情，才可能真的产生转化。由于不愿意臣服，汤玛斯死亡时的心态仍然和活着的时候一样。

我从未和临终关怀的病患探讨过我对死亡和濒死的看法。事实上，我一直在抗拒对死亡采取某种特定的看法，因为老实说，我也不知道死亡到底是什么。我只是越来越清楚，从我的肉体上和情绪上的挣扎过程来看，我们的真我比自己的身体、思想和自我感要宽广多了。我们的真相是，生命的能量一直在通过我们展现出它自己。敞开我们的心胸，指的就是去体证这爱之河便是我们自己，并且允许它借由我们受制的肉身来展现它自己，这才是真正的疗愈。与其忧虑肉体死亡后会发生什么事，不如在活着的时候治疗内心的死亡。每一次当我们的心封闭时——愤怒、恐惧、自保、逃避痛苦、抗拒不舒适的感觉，我们就会感受到死亡的滋味。对我而言，汤玛斯是一个鲜明而又令人伤感的例子：我们为了自保，往往将自己封闭在替代式的人生里。只要我们还在维护自己的尊严,或是维护自己对未知的恐惧,以及想要掌控的欲望,我们就永远不可能过真实的生活——也就是生命本身,其中是没有任何自我概念的。

如同雪中的白鹭

赖瑞是一位四十八岁的艺术家和老师,他被诊断出罹患了肺癌,医生告诉他只剩下六个月可活了。他是一个沉默而又周到的人,我去探望他时,他基本的态度是"这又有什么用",不过他并没有完全放弃,还是愿意和我真诚地交谈。也许他最大的哀伤就是无法亲眼看到自己那十来岁的儿子长大成人。

随着时间的消逝,我和赖瑞的关系越来越深入。每当我和他相处时,我都会感受到一股与日俱增的骚乱。他那些充满绝望的念头助长了他的苦难,我很难眼睁睁地看着他进一步制造出更深的孤立感。我很想抓住他的身体狠狠地把他摇醒,然后大声对他说他还没有死!他仍然可以和子女们享受一段快乐的时光,在美妙的花园里赏玩,珍惜剩余的宝贵生命。不过他始终没向我求助。

虽然我十分渴望能减轻他的痛苦,但我同时也察觉到,我内心不断生起的强烈反应,可能更需要仔细地检视一番。我静坐下来观照自己的骚乱和想要帮助他的那份渴望,渐渐地,我越来越清楚自己为什么想"修理"他了。因为我仍然希望他能按照某种特定的方式生活,所以很显然出发点并不是真正的慈悲，而是从我自己那尚未治愈的痛苦中所产生的想法。他的绝望和退缩与我自己面对困境的反应十分相似；他强加在自己身上的苦难，也是我时常会经验到的。

我静静地和心底的焦虑及哀伤共处，然后将这些感觉融入那无限的空性中。我越来越能清楚地看到，想要解除他的痛苦，是多么放肆的一种想法。他的痛苦之中也许寓含着愿意臣服于真相的成熟度，就像我所经验过的那样。在我们的痛苦之中往往深埋着一份恩宠，如果我们愿意交出自己，它就会出现。一旦发现我们所共有的那份痛苦，我和赖瑞的连结就更深了。我不再要求他去体会死亡之中的意义，我也不再渴望去除他的苦难。相反的，我开始把自己的那份痛苦吸入心底，当然其中也包括了他的痛苦。到了某一个时刻，我们自己的痛苦会开始跟他人的痛苦融合在一起而无法再区分彼此，因为这份痛苦本是我们所共有的。这并不是一种沮丧的心情或是病态；我所经验到的这一切，其实是一份深刻的理解和更深厚的连结。

我发现真正的慈悲永远不可能来自于恐惧，或来自于想要修理及改变他人的那份渴望。只有当我们深深体会众生共有的痛苦时，悲心才会油然而生。如果能超越我们的那份隔离感、孤立感和异化的倾向，它才可能出现。接下来的几次探访，我的骚乱开始有了改变。我只想安安静静地陪伴着赖瑞。

某天傍晚赖瑞突然因大出血而被送进了加护病房。同时，他家人的互动也产生了一些困难，似乎没有一个人愿意退一步为他人着想。

在开车前往医院的途中，我心想我很可能会卷入这个混乱的局面里。另外我也觉察到自己对医院的环境有很强烈的反感，不过我更意识到赖瑞很可能正在面临死亡。搭电梯前往他病房的途中，我像念咒语一般不断地对自己说："这也许就是你和他最后一次见面的机会了，千万不要把心收回来。"

那次的探访，情况很难处理。赖瑞相当诚实地谈到死亡以及对家人的不满。我很努力地想开放自己的心，以免落回到旧有的自保模式。赖瑞告诉我他根本没能力处理家人之间的问题，于是我试着和他的两位家人恳谈。这次的探访结束之后，我走到医院的停车场，坐进自己的车里，开始不可遏止地哭了起来。一方面我看到，由于那份自保的需要，我们在彼此身上不知制造了多少的痛苦。另一方面我还是清楚地感受到自己的心仍然有个坚硬的外壳。不过我会落泪主要是因为这个坚硬的壳已经有了裂缝，一股源源不绝的爱正等着付出给周围的人。这是我当时真正的体悟：学习活在开放的胸襟里；当你付出的时候心中不要抱持着应该如何的观念，也不要为了什么而给予。我们的心就像雪中的白鹭一般，付出乃是它无碍的本然状态。

过了没几天，赖瑞就在家中去世了。在最后的几个小时里，我一直望着躺在床上的他。虽然他看起来是处在一种昏迷的状态，但一只眼睛却睁得大大的。我凝视着他那只眼睛长达一个小时之久，那只眼睛也似乎以极为强烈的情绪回望着我。看着他那副形容憔悴的身体，偶尔瞥见挂在他床头上绘有"爱"字的卡片，心里一再提醒自己不要再自保了，就把整个人贡献出来吧！没人知道当时我们之间发生了什么事，然而我确实感觉我们之间的连结让他的心稳定了下来。我离开之后的半小时内他就过世了。

开放的心性除了连结之外别无他物

詹姆斯是一位七十六岁的老人，因为肺癌和心脏衰竭而不久于人世，大部分的时间他都躺在病床上。虽然他已经非常虚弱了，还是表现得十分友善和开心。他甚至强迫自己保持清醒，免得别人会认为他无礼。虽然我很喜欢他这个人，我们的连结却并不深刻，我也不觉得自己对他有任何明显的帮助。

探望了几次之后，他开始急速恶化，尤其严重的是他出现了间歇性的痴呆现象。他时常会不知道自己是谁或身处何处。他经常面带微笑地看着我，就像一个婴儿一样憨憨地傻笑着。他那副可爱的模样和他对眼前那一刻的享受，令我感到十分喜悦。有的时候他会一言不发地长卧于病床上，那时我就坐在他身边为他进行慈爱观想。我以这种方式在心中跟他默默地交流，这样我就不再是一个带着人格面具的心理治疗者，他也不再是一个形容憔悴的带病之身了。我们的关系变成了生命与生命之间的连结。以这样的方式来体会他，我对他恶化的情况便越来越能释怀。随着我们契合度的增长，我发现我们彼此相处的时间令自己越来越感到满足。

后来詹姆斯真的陷入了昏迷状态。每天我都前去陪伴他一小段时间。我会坐在他床边握住他的手，然后将他整个人的影像吸入我的心中，重复地为他默念慈爱愿文。不过，我还是经常会生起想要退缩的冲动。由于自我意识、自我怀疑或自保机制，我有时很想退缩到旧有的舒适假象里。但慈爱观有一部分就是要觉察那遮蔽开放心性的东西是什么？是什么东西固化了这份隔离感？每当恐惧生起或想要退缩时，我就在开阔的空性里去体验那些感觉。恐惧一旦消退下去，慈爱之情便自然生起了。当我们强加在自己身上的那堵墙倒塌时，剩下来的便只有我们与生俱来的连结感了。

当詹姆斯很明显地已经濒临死亡时，我前往医院去向他告别。和他面对面静静坐了一会儿之后，虽然他已经深陷昏迷状态，我还是大声地将心里的话对他说了出来。我握着他的手，弯下身来在他的耳边低声对他说了一句："再见了。"当我亲吻他的额头时，他突然强而有力地握住我的手。那一刻我才深深体会到生命真的是一体的。无限量的爱就这么被释放了出来，虽然不久之后我的围墙又再度竖立起来。我已经很清楚地看到，我们这副小小的头脑是无法想象心中的空性有多么宽广的！

人生的目的是什么?（代跋）

我们的启示，我们的召唤，我们对真实人生的渴望，都是为了认清自己的真相——生命的本质乃是众生一体和充满慈爱的，分裂的小我只是一个不断制造苦难的幻象罢了。凭着这份觉察就能使生命之流穿透我们；无限正自由地示现在我们这副受限的肉体上。然而解脱道究竟是什么？学习安住于当下，学着去留意所有会阻碍我们开放心性的事物，将它们视为觉醒的道路——包括一切的建构、认同、抑制、自保、恐惧、自我批判及归咎——这些都会让我们和真实的生命隔离。还有什么是解脱之道？不再一味寻找快乐以及逃避痛苦。心甘情愿地如实存在于当下这一刻。不再深陷于流转不停的心念里。修行就是要发现自己的真我：既不想成为什么特殊的人物，也不想到哪里去，只是如实存在着。我们的真我远远超越了这副肉身，远远超越了个人的戏码。如果我们执著于自己的恐惧、自己的羞耻感以及自己的苦难，我们就舍弃了与生俱来的感恩之心。因此，当下这一刻，我们是不是正执著于自己的观点？一旦软化了心念中永不停息的批判，我们就能觉醒那一直想被觉醒的心。造成隔离的面纱一被掀开，生命的真相便自然揭露了。不再深陷于自我中心的幻梦，我们就能舍己利人，如同雪中的白鹭一般。光阴似箭。切莫退缩。请珍惜宝贵的人生。

《人生的目的是什么？》完成于我五十岁生日的前一天。我的用意是要以它来启发每日修行的体悟，并且当作是一种提要。自那时起，我在内文上曾经做过几次细微的修润，因为我对修行的体会一直在改变。目前禅修中心把这篇文章当作大家的修行宗旨，许多人觉得它厘清了修行中的一些困惑。

BEING ZEN: Bringing Meditation to Life
by Ezra Bayda
Copyright © 2002 by Ezra Bayda
Published by arrangement with Shambhala Publications, Inc.
Horticultural Hall, 300 Massachusetts Avenue, Boston, MA 02115, U.S.A.,
www.shambhala.com
Simplified Chinese translation copyright © 2007 By Hainan Publishing House
ALL RIGHTS RESERVED
版权所有 不得翻印
版权合同登记号：图字：30-2007-055号
图书在版编目（CIP）数据
平常禅／[美]贝达 著；胡因梦 译；－海口：海南出版社，2007.7
ISBN 978-7-5443-2192-1
Ⅰ.平... Ⅱ.①贝...②胡... Ⅲ.个人－修养－通俗读物 Ⅳ.B825-49
中国版本图书馆CIP数据核字（2007）第109850号

平常禅： 活出真实的自己

作　　者：	艾兹拉·贝达
出 版 人：	苏斌 刘靖
总 策 划：	立品图书
译　　者：	胡因梦
责任编辑：	杨力虹
特约编辑：	钟剑波　谭耀智　王月怡
装帧设计：	大诚艺术设计机构
责任印制：	周松涛　杨程
印刷装订：	三河市华晨印务有限公司
读者服务：	杨秀美

海南出版社　出版发行
地址：海口市金盘开发区建设三横路2号
邮编：570216
电话：0898-66812776
E-mail：hnbook@263.net
经销：全国新华书店经销
出版日期：2012年3月第2版　　2012年3月第1次印刷
开　　本：　787mm × 1092mm
印　　张：　12.75
字　　数：　120千字
书　　号：　ISBN 978-7-5443-2192-1
定　　价：　24.00元

本社常年法律顾问：中国版权保护中心法律部
【版权所有，请勿翻印、转载，违者必究】

如有缺页、破损、倒装等印装质量问题，请寄回本社更换